DNA 헬스케어 4.0
개인별 맞춤형 의료시대

DNA 헬스케어 4.0

개인별 맞춤형 의료시대 _____ 김희태 · 허성민 지음

모아북스
MOABOOKS

포스트 코로나와 바이오 메타버스의 시대!
우리가 모르는 사이에
일상의 많은 것을
바꿔놓고 있다.

가히 의료혁명이라 할
디지털 헬스케어 시스템이
이미 우리 삶의 패러다임을
뿌리부터 변화시키고 있다.

개인은 유전자 정보를 통해
어떤 질병에 걸릴 것인지
미리 알고 대처할 수 있다.

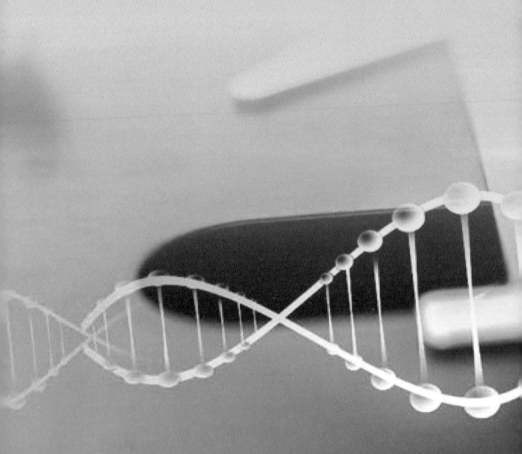

먼 미래의 일처럼 보이는가?
이 모든 것은
이미 지금 현실로
일어나고 있다.

바이오 메타버스의
시대가 왔다

건강한 삶은 모든 사람의 꿈이다. 그래서 정기적으로 건강검진도 받고, 몸에 좋다는 운동과 좋은 먹거리에 대한 것은 중요한 관심사이다. 이에 따라 건강 산업은 날로 번창하고, 의학의 발전은 실로 눈부셔서 자고 나면 신기원을 여는 시대에 우리는 살고 있다. '재수 없으면 어쩌면 120세까지 살 수도 있다'란 말처럼 건강하게 오래 사는 삶에 대한 희망을 갈망하고 있다.

난치병이나 불치병의 치료법이 속속 발견되는가 하면, 보건예방의학의 발달로 기대수명보다는 건강수명이 날로 늘어나고 있지만, 사스나 코로나와 같은 치명적인 바이러스의 유행으로 인류의 건강이 집단으로 위협받는 일은 또 하나의 난제다.

그런 가운데 우리나라 국민의 기대수명은 2020년 83.5세로 세계적으로 매우 높은 편이지만, 건강수명은 66.3세로 낮은 편이다. 그러니까 노년의 17년을 각종 질환에 시달리다가 죽는다는 얘기니, 오래

사는 것이 오히려 불행이 되는 셈이다.

요즘은 '100세 시대'라는 말이 유행처럼 번지고 있지만, 기대수명만 늘어나 100세를 사는 것은 진정한 장수를 누리는 삶이라고 할 수 없다. 80세든 100세든 건강하게 사는 것이 중요하다. 그러려면 국가의 사회복지제도도 중요하지만, 개인으로서도 건강한 노후를 살아갈 준비가 필요하다.

바로 그런 건강한 장수를 위한 획기적인 발상이 현대 의학의 눈부신 발전에 따른 개별맞춤 의료 시스템으로 현실화되고 있다. 사람들 각자의 유전자 지도를 비롯한 빅데이터를 활용하여 질병 예방 및 치료를 위한 최선의 방안을 찾아내는 것이다. 이런 의료 시대의 도래는 얼마 전까지만 해도 예언이었지만, 지금은 이미 실현 단계에 진입되었다.

우리는 이제 각자의 DNA에 따라 더욱 효과적이고 안전한 예방의료와 치료 방법을 선택할 수 있는 혁신적인 헬스케어를 실현하게 된 것이다. 예를 들어, 각기 다른 유전자에 따른 질병 위험을 사전에 분석해 약물 또는 운동·식이요법, 조기 진단을 통해 심장병이나 당뇨병, 암의 위험을 줄일 수 있는가 하면, 약의 작용에 영향을 미치는 약물 유전체 정보를 알아내어 심각한 약물 부작용을 예방할 수 있게 되었다.

이것이 바로 헬스케어 혁명이다. 바로 바이오 메타버스를 활용하여 사전에 또다른 세계에서 실현되는 것이다. 놀라운 혁신과 미래의 예측이다.

역사학자 E. H. Carr는 "역사는 과거와 현재와의 끝없는 대화이다."라고 했다. '그때 거기'가 과거라면 '지금 여기' 시공간은 현재다. 그러면 메타버스는 시공간 '지금 거기' 초연결사회다. 디지털 헬스케어와 바이오 메타버스는 바로 여기에서 출발한다.

1. 이미 시작된 변화와 혁신

혁신은 이미 시작되었다. 혁신의 바람은 우리가 모르는 사이에 이미 많은 것을 바꿔놓고 있으며, 앞으로 우리 삶에 지속적이고 광범위한 영향을 미칠 것이다.

생명공학과 융합한 의학은 개개인의 유전자 정보를 통해 어떤 질병에 취약한 몸 상태인지 미리 알 수 있게 되어 개별맞춤 의료 시대를 열었다. 스마트폰에 담긴 각자의 유전자 정보는 음식을 먹을 때는 물론이고 운동이나 쇼핑과 같은 일상생활 전반에 활용된다. 스마트폰은 이제 단순한 전화기가 아니라 휴대용 건강관리 의료기기로 변신하고 있다. 공상과학 영화에서나 보던 일들이 속속 실현되고 있다.

내가 먹고 자고 움직이고 숨 쉬는 모든 생체 활동 데이터가 스마트폰으로 연결된 병원 종합 진료 시스템에 실시간으로 쌓여 분석된다. 이상징후가 포착되면 즉시 병원으로부터 연락이 온다. 이제 연례행사로 벌이는 건강검진은 필요 없게 된다. 연중 상시 실시간 건강체크 시대가 열릴 테니 말이다.

먼 미래의 꿈이 아니다. 이미 많은 일이 지금 실제로 일어나고 있고, 나머지도 곧 실현될 일이다. 이렇게 헬스케어 혁신은 모르는 사이에 우리 곁에 와 있다. 이런 의료 혁신은 의약학계뿐만 아니라 바이오 관련 IT 기업이 주도하고 있다는 사실이 주목된다.

학문과 산업 간의 경계가 무너진 지 오래되었다. 그 무너진 경계에서 이질적으로 여겨온 것들의 융합이 활발하게 일어나면서 헬스케어 혁신과 바이오 메타버스와 같은 미래 성장 생태계가 더욱 풍성해지고 있다.

마지막 블루오션, 헬스케어 그리고 바이오 메타버스

이런 변화를 기반으로 혁신적인 IT 기업들은 '마지막 블루오션'으로 여겨지는 헬스케어 분야로의 진출을 앞다투고 있다. 삼성, 애플, 구글과 같은 글로벌 IT 기업들이 차례로 독자적인 헬스케어 플랫폼을 발표하면서 디지털 헬스케어 시장의 본격적인 주도권 다툼을 알렸다.

애플은 iOS8에 기존의 헬스케어 앱과 디바이스를 하나의 인터페이스에서 통합 관리할 수 있는 '헬스' 앱과 '헬스키트' 플랫폼을 기본 탑재한다. 이 플랫폼은 메이요 클리닉 등의 대형병원들과도 연계되어 있다. 그래서 사용자들은 스마트폰으로 측정한 데이터를 바탕으로 의료 서비스까지 받을 수 있게 된다. 모바일 헬스케어와 기존의 제도권 의료 시스템을 하나의 플랫폼 위에서 통합하려는 야심찬 시도다.

구글은 '구글 핏'이라는 안드로이드 기반의 플랫폼으로 기존의 헬스케어 앱과 디바이스들이 자유롭게 연계되고 조합될 수 있는 기반을 구축한다. 구글이 출시한 안경 형태의 웨어러블 디바이스인 구글 글래스는 이미 의료용으로 병원과 의과대학에서 활용되기 시작했으며, 당뇨 환자의 혈당 측정용 콘택트렌즈는 상용화를 앞두고 있다.

국내에서는 포스텍 연구팀이 연속혈당 측정용 스마트 콘택트렌즈를 개발했다. 이 연구로 지속적인 채혈이 필요한 당뇨병 환자의 부담을 크게 덜어줄 것으로 기대된다.

IBM의 슈퍼컴퓨터 왓슨은 2011년 인간 퀴즈 챔피언들을 모두 물리친 이후 암 치료 분야에 도전하겠다고 발표했다. 그로부터 10여 년이 지난 지금 이 슈퍼컴퓨터는 세계 최고의 암 병원인 텍사스의 MD 앤더슨 암센터와 뉴욕의 메모리얼 슬론 케터링 암센터에서 암 치료에 시범적으로 접목되고 있다.

애플, 구글, IBM, 퀄컴은 IT 기업이지만, 바야흐로 헬스케어 산업의 흐름을 주도하는 세계적인 디지털 헬스케어 기업으로 진화하고 있다. 이런 변화는 단순히 헬스케어, 의료, IT 분야에만 한정되지 않는다. 산업과 사회 전반에 포괄적이고도 파괴적인 영향을 미칠 것이다. 특히 병원과 의사의 역할은 크게 바뀔 것이며, IT 기업들에는 위기이자 기회가 될 것이다.

시간은 기다려주지 않는다

국내에서도 디지털 헬스케어의 글로벌 트렌드에 따라 변화가 빨라지고 있다. 아직은 충격파를 느낄 정도는 아니지만, 곧 건강보험업계와 의약산업계를 중심으로 쓰나미가 되어 덮칠 것이다. 죽느냐 사느냐의 갈림길이 바로 눈앞에 와 있다. 이에 대비할 시간이 그다지 많지 않다는 것이다.

이제 바야흐로 헬스케어 4.0 시대가 열리고 있다. 그리하여 대기업, 스타트업, 벤처캐피털, 의료기관, 의학자 등이 관련 학술행사장이나 산업박람회장을 열기로 가득 채우고 있다.

그러는 가운데 지금 이 순간에도 시간은 계속 흘러가고 있다. 우리 기업들과 연구기관들은 급격한 변화의 흐름을 따라잡고 그 속에서 기회를 잡을 준비가 되어 있는지? 나아가 헬스케어 4.0 시대를 선도할 역량을 개발하고 축적해가고 있을까?

이 책은 바로 이런 질문을 중심으로 그에 대한 답을 하나씩 찾아가고자 한다.

헬스케어 4.0 관련 기술은 전 세계 인구구조의 변화와 이에 따른 의료비 지출의 증가, 취약계층의 낮은 의료 접근성 등의 문제를 해소할 뿐 아니라 보건의료 분야의 신성장 동력 산업으로 뜨고 있다. ICT 기술, 빅데이터, 인공지능 기술은 의료 기술과 결합하여 헬스케어 4.0 기술을 실현하는 촉매제 역할을 하고 있다.

또한 코로나19로 인한 글로벌 팬데믹은 의료와 헬스케어 분야의 언택트 기술에 대한 수요를 증폭시킨 가운데 오랫동안 규제로 닫혀 있던 원격의료 시장이 본격적으로 열릴 전망이다. 비록 지금 당장 국내에서는 원격진료가 부분적·한시적으로만 허용되고 있지만 이미 오랫동안 벌여온 시범사업에 따른 효과 검증, 관련 기업들의 꾸준한 기술 개발 노력과 해외 진출 실적 등이 힘을 받으면 국내 시장 역시 빠르게 성장할 것으로 기대된다.

미국에서는 원격진료의 수가를 대면진료와 동등하게 적용하고 있고, 일본에서는 원격진료 과목을 확대하는 등, 적용 범위를 늘려가고 있다. 중국 역시 원격진료에 의료보험을 적용하는 등 세계 주요 국가들이 원격의료 관련 규제를 완화하면서 신산업 육성과 의료 시스템 부하 경감이라는 이중 효과를 거두고 있다.

세계 디지털 헬스케어 시장 규모는 연평균 15퍼센트씩 성장해 2027년이면 5,000억 달러에 이를 것으로 전망된다. 그 가운데 원격의료가 27퍼센트로 가장 큰 비중을 차지하고 있다. 특히 세계 원격의료 시장은 연평균 21퍼센트씩 성장하여 2027년이면 2,000억 달러에 이를 것으로 기대된다.

전통적인 의료 헬스케어 기업뿐 아니라 글로벌 IT 기업들이 헬스케어 4.0 기술 개발에 적극적으로 참여하고 있는 가운데 구글, 애플, 삼성 등이 플랫폼 생태계 구축을 통한 시장 선점 노력을 강화해가고 있다. 이런 글로벌 기업뿐 아니라 국내의 많은 벤처기업과 스타트업에게도 새로운 비즈니스 기회를 제공할 것으로 보인다.

2. 새로운 패러다임에 대비하라

인류 역사의 패러다임을 바꾼 길목에는 어김없이 치명적인 전염병이 있었다.

고대 도시국가 아테네를 멸망에 빠뜨린 장티푸스는 장내세균 살모넬라를 매개로 하는 수인성전염병이다. 기원전 5세기, 아테네와 스파르타가 맞붙은 펠로폰네소스 전쟁 기간 중 장티푸스가 퍼져 4년 만에 아테네 인구의 4분의 1이 희생되었다. 이후 11세기에 시작된 십자군전쟁 때 장티푸스가 다시 유행했다. 십자군원정 도중 장티푸스와 말라리아가 퍼져 날마다 40여 명이 사망 하였다.

14세기에 발병하여 당시 유럽 인구의 3분의 1에 해당하는 2,500만여 명의 목숨을 앗아간 흑사병은 봉건시대의 몰락과 근대의 태동을 불렀다. 페스트균에 감염된 쥐에 기생하는 벼룩이 감염되고, 감염된 벼룩이 다시 사람을 물었을 때 전염되는 페스트는 몸이 검게 변하면서 죽기 때문에 흑사병으로 불렸다.

19세기에는 콜레라가 대유행했다. 주로 오염된 물과 음식을 통해 전염되는 수인성 전염병인 콜레라는 원래 인도 내륙에서 돌던 풍토병으로, 1829년에 유라시아대륙을 휩쓸고 미국으로 건너갔다. 영국에서는 1831년 처음 콜레라 희생자가 발생한 이후 20년도 안 되어 7만여 명이 희생되었다. 1883년 영국 식민지 이집트에서도 콜레라가 창궐하여 불과 3개월 동안 5만여 명이 사망 하였다. 우리나라에서도 1821년에 '괴질'로 기록된 콜레라가 처음 유입된 이후 단기간에 10만 명이 희생되는 참사를 낳았다. 10명이 걸리면 8~9명은 사망 했다.

스페인독감은 1918년에 미국에서 시작되어 유럽에 파견된 미군을 통해 퍼진 전염병이다. 코로나 바이러스 증상과 매우 흡사한 이 유행성 독감은 인플루엔자 바이러스가 원인이다. 영국에서만 25만여 명이 사망하고, 세계 전체로는 최소 5,000만 명에서 최대 1억 명이 사망하는 가운데 제1차 세계대전을 일찍 끝나게 했다. 당시 전쟁으로 죽는 사람보다 몇 배나 더 많은 사람이 사망하였으니 그럴 만도 하다. 미국에서 시작되었으니 '미국독감'으로 불릴 법도 하지만, 전쟁 당시 중립국이던 스페인 언론이 독감에 대해 자세히 보도함으로 인해 정보를 얻었다고 해서 '스페인독감'으로 불리게 되었다.

매독은 15세기 말에 신대륙에서 콜럼버스가 가져온 이후 프랑스와 신성로마제국이 전쟁을 벌이면서 유럽 전역으로 퍼졌다. 프랑스군이 매춘부를 전쟁터에 데리고 다니면서 부대끼리 매춘부를 바꾸는 것은 물론 점령지의 여성들을 집단 강간하는 바람에 매독이 더 널리 퍼졌다. 매독으로 호된 고역을 치르거나 희생된 유명인만 해도 베토벤, 슈베르트, 슈만, 보들레르, 플로베르, 모파상, 고흐, 니체, 히틀러 등 헤아릴 수 없이 많다.

21세기 팬데믹으로 확대된 코로나 바이러스 역시 우리 일상의 변화를 초래했다. 백신을 넘어 경구용 치료제가 상용되고 있는데도 변화된 일자리는 코로나 유행 이전의 상태로 돌아갈 수 없는 환경이 되었다. 경제학자 제레미 리프킨이 27년 전에 노동의 종말을 예언한 대로 일자리의 형태가 바뀌고 있다.

포스트 코로나 시대에 일어나고 있는 변화 중 가장 주목할 것은 산업의 재편이 급속하게 일어나고 있다는 것이다. 2022년 CES(국제가전박람회)에서 소니는 전기차 시장으로의 전환을 선언하고, 현대자동차는 내연기관 사업부를 없애는 혁신을 단행했다. 기업들의 사업 전략에 오늘날처럼 거센 변화의 바람이 불었던 적이 없었다.

그런 가운데 우리가 무엇보다 주목해야 할 변화는 새로운 위기에 따른 새로운 기회의 도래다. 새로운 위기가 있으면 새로운 기회 역시 따라오기 마련이다. 앞에서 말한 대로 코로나 팬데믹으로 인한 위기가 전 세계를 덮친 가운데 바로 여기에서 최대의 기회가 꿈틀거리고 있다.

또한, 지정학적 위험 요인도 공존하고 있다. 최근에는 러시아가 우크라이나를 전격적으로 침공하면서 중국과 대만도 충돌할 위험성이 높아졌다. NATO(북대서양조약기구)와 미국은 즉각적인 대응을 예고하면서도 과거 냉전 시대와는 각자의 위치가 달라졌다. 신 냉전 시대에 등장한 새로운 국수주의로 인한 마찰에 대비할 필요가 있다.

3. 헬스케어 산업과 개별맞춤 의료 시대

그리스 신화에 나오는 거인 프로크루스테스의 이야기를 예를 들어보겠다. 그는 악명 높은 강도로, 무자비하고 엽기적인 행동을 일삼았다. 그는 심심하면 행인을 자기 집으로 유인하여 철 침대 위에 눕히고는 행인의 키가 침대보다 작으면 사지를 늘려 맞추어 죽이고, 키가 침대보다 크면 다리를 잘라내어 죽였다. 그 침대에는 길이를 조절하는 장치가 있어서 아무도 살아남을 수 없었다.

아테네의 왕인 아버지를 찾아 길을 가던 테세우스는 그런 프로크루스테스를 붙잡아 그 철 침대에 눕히고는 침대를 넘어가는 프로크루스테스의 머리와 다리를 잘라내어 죽였다.

이 일화에서 나온 말이 '프로크루스테스의 침대'다. 이 말은 하나의 기준을 정해놓고 융통성 없이 모든 것을 그 기준에 맞추려는 상황을 가리키는 말이 되었다.

이것은 질병에 걸린 환자를 치료하는 의료에도 적용되는 말이다. 극단적으로 표현하자면, 지금까지는 어떤 질병에 치료 기준을 정해놓고 모든 사람을 거기에 끼워맞추는 불합리한 의료가 대세를 이루어왔다. 그러나 이제는 저마다의 환자에 따라 의료 처방을 달리하는 개별맞춤 의료 시대가 열리고 있다. 이처럼 의료뿐 아니라 우리 생활의 전반에서 '프로크루스테스의 침대'가 주는 교훈을 새겨야 할 것이다.

구체적인 진료와 처방을 예로 들면, 골다공증 약제 비스포스포네이트 처방도 환자마다 천차만별의 반응을 보인다. 어떤 사람은 1년이나 복용했는데도 골밀도가 전혀 높아지지 않고, 어떤 사람은 복용하자마자 감기몸살 같은 고통을 호소한다. 비스포스포네이트를 처방하면 골밀도가 평균 5퍼센트쯤 올라간다는데, 어떤 사람은 1퍼센트쯤에 그치는 데 반해 다른 어떤 사람은 10퍼센트쯤이나 올라간다. 같은 증상에 같은 약제라도 사람에 따라 효과나 반응이 이처럼 다양하다.

어떤 사람은 왜 태어날 때부터 장애를 지니게 될까? 같은 B형간염 보균자인데도 왜 누구는 암에 걸리고, 누구는 건강한 보균자로 남을까? 스트레스를 받으면 왜 누구는 식욕이 떨어지고 누구는 식욕 과잉이 될까? 홍삼을 섭취하면 왜 누구는 건강이 좋아지는데 누구는 오히려 부작용으로 고생하게 될까?

이런 개개인의 차이가 의료 현장에서는 표준화된 치료법에 익숙한 젊은 의사를 당황하게 만든다. 차차 경험이 더 쌓여 개개인의 차이를 파악하고, 그 차이에 따라 다른 처방을 낼 수 있게 되었을 때 그는 진정한 의사가 된다. 한의학에서는 이미 개개인에게는 고유 체질이 있음을 관찰하고, 체질에 따라 강하거나 약한 장기가 있고, 음식의 반응이 다르다는 것을 발견해 체질에 따른 사상의학을 정립했다.

사상의학을 창안한 이제마는 1894년《동의수세보원》에서 인간은 천부적으로 장부 허실이 있고, 이에 따른 희로애락의 성정이 작용하여 생리현상을 빚으며, 체질에 맞는 음식과 양생법이 중요하다고 주장했다. 각자의 체질을 안다면 질병을 예방하고 치료하는 지름길이 될 수 있다는 것이다.

이런 사상의학은 인간의 건강과 질병 상태를 각 개인에 맞게 규정한 탁월한 측면을 갖고 있지만, 개개인의 체질 진단을 주관적인 판단에 의존하므로 일괄적으로 적용하는 데 무리가 따르고 체질을 4가지로만 분류하는 데 따른 단순성과 중복성의 문제가 있다.

그러나 IT 기술과 융합한 현대 의학은 이런 문제점을 축적된 개개인의 생체 및 의료 데이터를 통해 해결할 수 있게 됨으로써 마침내 명실상부한 개별맞춤 의료 시대를 열게 되었다.

4. 개별 질병예측서비스 활용방안

유전자 변이를 이용한 질병 예측 서비스에 대한 사람들의 반응은 불신과 맹신이 엇갈린다. 어떤 사람은 유전자 변이 결과를 듣는 것만으로 마치 당장이라도 그 병에 걸리지 않나 싶어 불안해하지만, 그렇게 과민하게 반응하지 않아도 된다.

드물게도 배우 안젤리나 졸리처럼 평생 유병률이 70~80퍼센트나

되는 강력한 유전성 암과 같은 질병에 노출되는 경우도 있지만, 대부분의 질병은 그렇게 유전자 하나만 가지고 결정되지는 않는다. 물론 하나의 유전자로도 다분히 높은 위험도를 갖지만, 이것은 어디까지나 유전적 위험도일 뿐이지 반드시 질병에 걸린다는 것을 의미하진 않는다. 오히려 더 많은 환경 인자, 가령 흡연, 운동 부족, 과식, 과음 등이 질병을 일으키는 더 중요한 요인으로 작용한다.

가령, 유전적 변이는 없으면서 운동을 하지 않는 사람이 유전적 변이가 있으면서 운동을 열심히 하는 사람보다 더 비만에 걸릴 확률이 높다.

따라서 유전적 위험과 환경적 위험은 진료 현장에서 적절하게 통합해 사용해야 하지만, 유전적 위험도는 여전히 중요하다. 대장암 가족력이 있는 경우 대장 내시경을 더 권장하고, 당뇨 가족력이 있는 경우 당화 혈색소에 더욱 의미를 두고 강조한다. 가족력은 개인의 유전적 위험도를 직접 반영하지는 않는다. 당뇨인 아버지를 둔 자녀들이 모두 당뇨가 생기는 게 아니라 아버지의 당뇨 유전자를 물려받아야 생기는데, 이 과정은 무작위다. 그러므로 본인의 주요 질병에 대한 유전적 소인을 직접 아는 것은 의미가 있다. 그러나 여기서 끝나고 만나면 유전자 검사는 아무 소용이 없다. 환자의 유전적 소인을 이용해 생활습관을 개선하고 조기 진단으로 이어지게 해서 결과적으로 예측과 예방을 통해 개별맞춤 의료를 행할 수 있어야 한다.

결국, 유전자 예측 검사는 단순히 비가 온다는 확률만 제공하는 것이 아니라 비를 피할 방법, 우산을 준비하고 야외 행사 일정을 조정하는 등의 방법을 알려줘야 한다. 비가 오지 않을 수도 있고 예측이 틀릴 수도 있다. 그러나 여전히 우리는 늘 일기예보를 살펴보는 것처럼 인생에 많은 불확실성을 제거하고 예측 가능한 삶을 살기 위해 노력한다. 더 나아가 질병의 소인을 개인마다 알아내는 일은 질병을 예방하고 피하기 위해서도 큰 의미가 있다.

미래 의료의 꽃이 될 헬스케어 혁명을 다루는 이 책은 모두 7장으로 구성되어 있다. 이미 변화는 시작되었으니 새로운 패러다임에 대비하라는 메시지를 던진다. 개별맞춤 의료혁명 시대를 여는, 유전자 분석에 의한 질병 예측 서비스 활용에 초점을 맞추었다.

[1장 인공지능 시대의 의료 경쟁력]에서는 국내·외 디지털 의료의 현주소를 진단하고, 코로나 이후 의료 환경의 변화를 내다본다. 그리고 의료와 건강의 미래를 의료 환경 변화의 시계에 맞추어 분석하고 비전을 제시한다.

[2장 헬스케어와 개별맞춤 의료 시대]에서는 헬스케어 4.0 시대의 도래를 개관하고, 디지털 미래 의료의 실질적인 내용, 즉 질병의 예측과 예방, 개별맞춤 의료와 건강 진단, 미래 의료산업을 이끄는 빅

데이터, 개인 유전자 검사 등을 구체적으로 다룬다.

[3장 생명공학의 발달과 DNA 헬스케어]에서는 DNA로 여는 의료 혁신의 미래, 질병의 예방과 난치병 치료의 신기원을 연 DNA 연구, DNA 지도를 개인이 보유하면 일어나는 일 등을 개괄한다.

[4장 생명의 신비, DNA의 비밀]에서는 유전자 연구가 어떻게 세상을 바꾸는지, 유전자 경로는 자손에게 어떻게 전달되는지에 대한 답을 DNA의 비밀을 통해 밝힌다. 그리고 인간의 마음도 유전되는 놀라운 유전자의 세계와 유전 법칙 발견의 드라마를 흥미진진하게 풀어낸다.

[5장 DNA 설계도로 건강 체크]에서는 우리의 건강을 위협하는 현대병을 개괄하고, 유전자는 내 질병을 어떻게 알고 있는지, 엔젤 푸드로 어떻게 유전자 결함을 메우는지 알아본다.

[6장 헬스 스캔 유전자 서비스 시작]에서는 헬스 스캔의 인간게놈 분석 프로젝트, 유전자 서비스로 체크하는 다양한 질병 등을 알아보고, DNA 검사 서비스에 관한 Q&A를 살펴본다.

[7장 헬스케어와 메타버스 경제]에서는 헬스케어가 어떻게 돈이 되는지, 헬스케어와 메타버스는 어떤 연관성이 있는지, 메타버스와

함께하는 투자법에는 어떤 것이 있는지, 변화의 시대에 함께하는 방식은 무엇인지 등을 살펴본다.

1장

인공지능 시대의 의료 경쟁력

미래의 의학과 의료서비스 관련 전망에서 또 하나 빼놓을 수 없는 것은 유전자 검사를 기반으로 하는 개별맞춤 의료의 실현이다. 개인의 유전자 염기서열 전체 해독에 있어서 과거에는 엄청난 비용과 시간이 소요된 탓에 기술 장벽이 아니라 비용 장벽에 막혀 있었지만, 그에 따른 시간은 물론 비용이 가파르게 떨어지면서 이제 보편적 상용화 수준에 가까워지고 있다.

국내·외 디지털 의료의 현주소

우리나라 보건의료 체계의 경쟁력

코로나가 빠르게 퍼지면서 우리나라 보건의료 체계의 경쟁력은 세계적으로 주목받았다. 우리나라 보건의료 체계의 가장 뚜렷한 장점은 탁월한 의료 접근성이다. 최첨단 의료장비 구비 비율만 해도 우리나라는 OECD 국가 중 가장 높은 편에 속하며, 의사 개개인의 능력 또한 뛰어나다. 하지만 이런 평가를 맹신하기보다는 좀 더 구체적이고도 객관적인 정보를 확인할 필요가 있다.

세계의학의 중심은 제2차 세계대전을 거치면서 독일에서 영국과 미국으로 넘어갔다. 1980년대까지만 해도 우리나라에서 수술을 받지 못한 많은 환자가 거액을 들여 미국으로 건너가 수술을 받아야 했다. 하지만 그 이후로는 상황이 뒤바뀌어 오히려 미국에 사는 교민들이 우리나라에 들어와 수술을 받고 돌아가는 경우가 많아졌다.

최근에는 미국뿐 아니라 러시아나 중앙아시아, 중동의 환자들이 수술을 받기 위해 우리나라를 찾는 일이 잦아지고 있다.

의료 수준을 가늠하는 최고 기준으로 삼는 장기이식 분야를 보면, 우리나라의 간 이식 성공률은 90퍼센트가 넘는다. 이는 세계 최고 수준으로, 우리나라의 해당 전문의가 미국 대형병원의 주요 스카우트 대상이 될 정도다.

우리나라의 이처럼 높은 의료 수준과 전문의 비율, 인구당 병상 수, 낮은 자기부담비율의 사회의무보험 제도 등은 뛰어난 의료의 접근성을 이루는 요소다.

총 병상 수를 보면 우리나라는 인구 1천 명당 12.4병상으로 OECD 국가 평균 4.4개에 비해 거의 3배에 이른다. 병원 시설을 보면, 17개 광역 단위 행정구역에 총 42개의 상급종합병원과 314개의 종합병원이 운영되고 있어 촘촘한 의료 서비스 체계를 자랑한다.

그런 데 반해, 공공병원의 병상 수를 보면 우리나라는 인구 1,000명당 1.2개로, OECD 평균 2.8개의 절반에도 못 미친다. 그런가 하면 우리나라의 의료 인력은 OECD 국가 중 낮은 편에 속하며, 실제 임상 진료 의사 수는 턱없이 부족하다. 의사 비율은 인구 1,000명당 2.7명으로 OECD 국가 평균 3.4명에 훨씬 못 미친다. 다만, 전체 의사 중 전문의 비율은 매우 높은 편이다. 의료진의 수는 부족하지만, 질은 뛰어나다는 얘기다.

그럼 보건의료 서비스 분야는 어떨까?

유럽 국가 중 의료 선진국들은 공공 통합모델을 취해 전적으로 공공의료기관에서 보건의료 서비스를 제공한다. 반면 우리나라는 민간의료기관에서 보건의료 서비스를 제공하고 있다. 특이하게도 우리나라는 공공의료기관과 민간의료기관이 동시에 서비스를 제공한다. 그러면서도 진료 절차가 복잡하지 않아 뛰어난 의료 접근성을 실현하고 있다.

의료의 접근성은 보건의료 체계에서 매우 중요한 개념이다. 서양에서는 이 문제를 중요하게 다루고 있는데, 특히 영국에서는 의료 접근성을 지역사회 보건의 가장 중요한 요건으로 인식하고 의료정책에서 우선으로 다뤄왔다.

영국 작가 버나드 쇼는 희곡 〈닥터의 딜레마〉에서 한정된 치료제로 누구를 먼저 치료할지에 대한 의사의 고뇌를 그림으로써 당시 영국의 사회상과 고민을 드러냈다. 이 작품은 제한된 의료 인력과 제한된 치료제의 문제를 제기한 것인데, 이에 비춰 보더라도 의료 접근성은 충분한 의료인의 수, 충분한 병원, 충분한 치료제, 환자 이동의 편리성, 환자의 의료비 부담비율 등 여러 가지 조건이 종합적으로 충족되어야 이룰 수 있는 문제다.

오늘날 코로나 바이러스 팬데믹 상황을 두고 보더라도 우리나라 국민은 세계에서 가장 뛰어난 의료 접근성 혜택을 누리고 있다. 우리나라는 풍부한 전문 의료인력, 충분한 안심진료소와 신속한 환자 이송체계의 운영, 그리고 무료검진에 이은 확진자의 무상치료라는 의료정책까지 더해져 최상의 의료 접근성을 보여왔다. 이 덕분에 우리나라 국민은 코로나에 감염되더라도 부담 없이 치료받을 수 있다는 믿음을 갖게 되었다.

해외 보건의료체계의 현실

외국에 나가 장기 체류해보지 않은 우리나라 국민은 우리나라의 의료 접근성이 얼마나 뛰어난지 실감하지 못한다. 그러다가 외국에 나가 살면서야 비로소 실감하게 된다.

그래서 해외 유학생이나 교민조차도 싸고 질 좋은 의료 서비스를 받기 위해 귀국하는 경우가 많으며, 설령 국내 의료보험 혜택을 받지 못하더라도 국내에서 치료받는 것이 경제적이라고 한다.

선진 외국은 의사당 진료 환자 수가 우리나라보다 훨씬 낮지만, 진료 절차가 까다롭고 복잡하며 의료진이 불친절해서 환자 본인이 의료 지식을 직접 찾아봐야 하는 경우가 많다.

특히 미국은 개인의 의료비 부담이 높기로 유명하다. 세계 제일의 부자 나라라지만, 서민들은 살인적인 의료비 때문에 웬만한 병으로는 병원을 찾을 엄두조차 내지 못한다. 미국은 우리나라와 달리 민간의료보험이 의료의 큰 틀이다. 이는 의료 서비스와 민간의료보험 사이의 상호협력을 통해 의료 재원과 효율적인 서비스를 달성하려는 목적에 따른 것이다. 의료 재원과 서비스 남용을 엄격히 제한하고 있어서 경증 질환에 대한 의료비의 자가 부담률이 매우 높다. 본인의 소득 수준에 맞는 보험료를 기반으로 의료 행위의 낭비를 막는 효율적인 의료관리를 시행한다고 하지만, 일반 국민의 현격히 떨어지는 의료 접근성은 사회문제가 될 정도로 심각한 실정이다.

그와 반면에 영국은 의료 서비스를 공공재로 받아들이고 공공의료기관에서 공통된 의료 서비스를 제공한다. 그래서 의료비의 자가부담률은 낮은 편이지만, 중증도별 접근성에 차이를 두고 있다. 또 의사당 환자 진료 수를 엄격하게 제한하고 있어(형평성의 문제는 없지만) 미국 못지않게 의료 접근성은 떨어진다.

서구 선진국 중에서는 독일이 가장 뛰어난 의료체계를 운용하고 있다. 이를 방증하듯 독일은 코로나 팬데믹 사태에서도 감염자 사망률이 가장 낮았다. 가령, 2020년 3월의 코로나 감염자 사망률이 이탈리아는 무려 11퍼센트에 이른 데 반해 독일은 0.6퍼센트에도 미치지 않았다. 다른 요인을 충분히 고려하더라도 독일의 뛰어난 의료 체계를 빼놓고는 설명할 수 없는 대목이다. 독일은 유럽에서 최고의 의료 인력과 병상을 갖춘 데다가 건강보험으로 보편적 의료복지를 유지하고 있어 다른 서양 국가에 비해 의료의 접근성이 매우 뛰어나다.

또 하나 눈여겨볼 점이 있다. 코로나 대처 과정이다. 독일은 코로나와 관련된 의료 접근성 문제 외에도 국경 통제나 국민의 이동 제한 등 모든 방역 정책을 정치인이 아닌 감염의학 전문가에게 전적으로 맡긴 채, 총리를 비롯한 정책 결정 라인에 있는 정치인은 일절 간섭하거나 혼선을 빚을 만한 발언을 하지 않는다. 우리나라도 정치의 간섭을 최소화한 채 질병관리청이라는 전문기관에 중심 역할을 맡김으로써 코로나 상황을 모범적으로 관리할 수 있었다.

2

코로나 이후
의료 환경의 변화

과감한 규제 혁신이 필요한 이유

코로나 이후 우리나라를 비롯해 세계 각국에서 헬스케어 4.0에 관한 관심이 날로 뜨거워지고 있다. 팬데믹 이전까지 환경과 에너지가 공중보건보다 더 중요한 문제로 인식되었지만, 코로나 팬데믹을 계기로 보건의료의 중요성을 체감하게 되었다. 일상과 경제 모두에서 패러다임이 바뀌자 감염병 하나로도 세상이 바뀔 수 있다고 인식이 바뀐 것이다.

앞으로도 코로나와 같은 바이러스 감염이 빈번해질 것으로 보이는데, 알다시피 의료기관으로서는 병원이라는 제한된 공간에서의 대응에 한계를 겪게 되었다. 그에 대응 방안으로는 디지털 기술을 활용한 일상에서의 예방과 진료 그리고 치료 말고는 달리 길이 없다. 물론 여기에는 당연히 원격진료가 수반된다.

그런데 보수성이 강한 의료계가 이런 급격한 시류 변화를 단번에 받아들이기는 어려울 것이다. 다행히 우리나라는 ICT 기반이 튼튼한데다가 이를 다양한 분야에 응용하는 속도는 세계 최고여서, 의료계의 변화 속도도 다른 어느 나라보다 빠르게 진행될 것이다.

우리 의료계는 이미 환자와 의료진을 잇는 연결 채널이 다양해진 가운데 비대면 의료가 빠르게 자리를 잡아가고 있다. 정부는 그동안 비대면 의료 시범사업을 꾸준히 시행해왔다. 섬이나 산간벽지, 군부대, 교도소 등 의료 접근성이 낮은 곳에서 비대면 의료 시범사업을 행함으로써 본격 실시를 위한 노하우를 축적하는 한편 의료 소외지역에 대한 접근성을 높였다.

무엇보다 개개인의 진료 데이터와 유전자 정보를 첨단 의료기기와 연동하여 상시적인 원격진료의 최적화 모델을 찾아가는 노력을 지속함으로써 헬스케어 4.0 시대에 한 걸음씩 다가서고 있다.

정부도 의료 서비스의 국제 경쟁력 강화와 의료복지 확대를 위해 의료 규제 혁신에 적극적으로 나서기 시작했다. 가령, 2002년까지만 해도 의무기록을 전자문서로 보관하는 것은 불법이었다. 모든 기록은 종이문서로 보관하고 전자기록은 폐기해야 했다. 이후 전자문서 보관이 일반화됐지만, 그러한 디지털 데이터조차 2017년까지는 의료기관에서만 보관할 수 있었다.

그러다가 2017년에 클라우드 촉진법이 개정됨으로써 전자의료기록을 의료기관 외부에서도 보관할 수 있는 법적 근거가 마련되었다. 마침내 의료정보를 빅데이터로써 다각적으로 교류하고 다양하게 활용할 수 있는 환경이 조성된 것이다. 다시 말해 헬스케어 4.0 시대로 가는 길이 열린 것이다.

의료 혁명을 이루기 위해서는 이런 것 말고도 의료 규제를 좀 더 과감하게 혁신할 필요가 있다. 가령, 미국은 환자가 부르면 의사가 집으로 찾아가서 진료 서비스를 제공한다. 또 의약 배달, 비대면진료 등 다양한 사업 영역이 있다. 물론 무분별한 '의료 영리화'는 경계해야 할 필요가 있다. 의료는 사회복지 성격이 강해서 시장의 자율에만 맡길 수 없다.

그렇다고 필요한 규제 혁신을 하지 못하면 오히려 의료복지가 뒤떨어지고 국제 경쟁력을 떨어뜨리는 의료 실패에 직면하기 쉽다. 의료의 공공성과 시장성 사이의 균형을 취하면서, 의료 시장화(영리화) 부문에서 일어나는 수익 일부를 환수하여 공공성을 강화하는 방안도 고려할 수 있다.

전체 의료 분야 투자에서 미국을 비롯한 주요 선진국이 헬스케어에 투자하는 비율이 40퍼센트에 이르고 있다. 시장을 닫아놓는 것만이 능사가 아니다, 시장을 과감하게 여는 방안을 적극적으로 모색해야 할 때다. 자칫 혁신의 때를 놓치면 우리 의료가 세계 시장으로 뻗어나가는 대신 다른 나라의 의료가 우리 시장을 잠식하게 될 것이다.

현행 의료법에 따르면 아직도 비대면진료는 전면 허용된 것이 아니다. 코로나로 인해 제한적으로나마 비대면진료가 허용되고 있는 것인데, 이러한 상황에서 시장이 형성되면서 관련 스타트업들도 속속 출현하고 있다. 여전히 규제는 존재하지만, 헬스케어 4.0에 대한 기대감이 커지고 있다. 비대면진료의 법제화에 대한 반대가 있지만, 결국 그 길로 갈 수밖에 없는 흐름이 강해지고 있다. 이제 도래한 시대 변화의 흐름을 무작정 막아설 게 아니라 규제를 혁신하되 어떻게 하면 부작용을 최소화할 것인가에 대해 지혜를 모아야 할 때다.

헬스케어 4.0 메가트렌드

대개는 미래의 의료가 ICT와 융합하여 개별맞춤 예측 진료의 방향으로 발전하리라 전망하지만, 이것만으론 설명이 부족하다. 신종 감염병의 유행, 기후 위기, 4차 산업혁명 등 급격하고도 적대적인 변화 앞에서 미래의 의료는 어떤 방향이어야 할지도 고민할 필요가 있다. 어떤 발전도, 특히 생명을 다루는 의료는 발전의 속도에 앞서 발전의 방향이 더 중요하다는 얘기다. 따라서 무엇보다 방향에 대한 고민이 선결되어야 한다.

사회적 거리 두기, 가상 의사(Virtual Doctor)의 진료, 질병을 예측하는 데이터 과학자. 서로 연결점이 없어 보이는 이 셋은 어떤 공통점을 가지고 있을까. 이들 모두 인류가 코로나 팬데믹으로 최악의 위기에 직면하면서 이어진 변화의 결과물이다. 세계는 경이로운 속도로 각종 변화를 받아들이고 있으며, 그 가운데 헬스케어 분야가 가장 큰 혁신의 기회를 맞고 있다.

이와 관련하여 세계적인 IT 컨설팅 기업이 헬스케어 4.0 시대를 수놓을 메가트렌드 7가지를 제시했다.

① 진단·치료 효율성 향상을 위한 의료 AI

AI가 가전제품에서부터 보안시스템 그리고 자율주행 자동차에 이르기까지 산업 전 분야에서 사용됨에 따라 의료 환경에도 적용되고 있다. 다만, 의료 분야에서의 AI 사용은 윤리적 측면에서 신뢰에 대한 문제가 제기되고 있다. 과연 의료 과정에서 생명을 기계의 판단에 맡길 수 있느냐는 것이다.

다행히 지금은 그런 문제가 상당히 극복된 상태다. 가령, AI 시스템을 통해 생성된 영상검사 결과를 전문의에게 제공하더라도 최종 진단 권한은 여전히 전문의에게 있다. 해당 전문의가 AI의 진단 결과를 최종 판단하여 동의 여부를 결정할 수 있다.

② 클라우드 환경에서 신속한 치료 여부 결정

클라우드 컴퓨팅 및 스토리지를 통해 더 효과적이고 더 빠른 헬스케어 의사결정을 가능하게 한다. 서류나 CD에 기록되던 엑스레이 같은 환자 진단 기록이 이제는 클라우드에 업로드되고 즉시 의료진이 검토할 수 있다. 그만큼 시간과 자원을 절약하고 의사의 진료 결정 속도를 높이게 된다. 의료진이 PHR(개별건강기록)을 추적함으로써 환자 정보에 기반을 두고 신속하게 적절한 의료 계획을 세울 수 있게 된다.

③ 상호 운용성의 혁신

급격한 변화를 보이는 영역 중 하나는 상호 운용성, 즉 소프트웨어 시스템 간의 데이터 교환이다. 코로나로 인해 의료 기술의 발전을 가속해야 함에 따라 소프트웨어 시스템과 의료 공급의 혁신이 필요해졌다.

가령, 영국의 NHS(국가보건서비스)는 의료진의 코로나 확진과 격리로 인한 진료 공백을 메우기 위해 의료 서비스를 대행할 제3의 조직과 계약을 맺어야 했다. 이때 서비스 제공자 중 하나인 로컴즈 네스트는 30개의 NHS 트러스트 소속 병원과 수백 개의 일반 진료소를 아우름으로써 디지털상에서 확보한 3만 명 이상의 임상의를 상호 연결해주었다.

④ 원격 의료의 보편화

코로나 봉쇄 상황에서 수십억 명의 사람들이 필수 의료 서비스에 접근하는 가장 좋은 방법은 원격 접속을 통한 원격의료다. 5G 무선 기술의 글로벌 출시와 환자들의 요구로 인해 2020년에는 원격의료가 널리 확대됨으로써 효율적인 비용으로 의료 서비스에 접근할 수 있게 되었다.

가령, 원격의료를 이끄는 영국 바빌론 앱은 6초마다 환자를 진료하고, 2020년 상반기에만 63만여 건의 임상 상담을 수행했다. 중국은 올해까지 14억여 명의 국민 중 최소 70퍼센트를 원격 의료 프로그램에 참여시키는 것을 목표로 하고 있다.

아랍에미리트와 싱가포르는 원격의료 프로그램을 이미 시행 중이거나 원격의료를 지원하기 위한 규정을 마련하고 있다. 미국처럼 민간보험사와 다양한 저소득층 공보험 제도를 통해 원격의료에 대한 보장을 허용하는 사례가 점차 늘어나고 있다.

⑤ 빅데이터를 사용한 질병 예측

개인정보 보호 문제가 여전히 큰 논쟁거리가 되고 있지만, 환자들은 예측 진료를 위해 개인 건강정보를 사용하는 것에 대해 긍정적으로 생각하는 추세다.

가령, 펜실베이니아 의대를 중심으로 한 공동연구팀은 페이스북 사용자가 정보 접근에 동의한 게시물에 쓰인 언어를 기반으로 질병을 모델링하고 예측함에 따라 당뇨, 우울증 및 불안을 포함한 21개 이상의 건강 상태를 예측했다. 또 영국의 킹스칼리지 대학은 코로나 증상 연구 앱을 개발했는데, 여기에 400만여 명의 영국인이 자신의 기분 상태를 매일 업데이트했다. 앱에서 수집한 데이터를 통해 바이러스의 6가지 유형을 밝히고, 공개 데이터의 획기적인 사용은 감염병의 핫스팟을 식별하는 데 크게 기여했다.

⑥ 의료 공급망의 확보

코로나 팬데믹 상황에서 소비자가 생활필수품을 구매하기 위해 외출하는 것을 꺼리거나 두려워하면서 유통업체는 전례 없는 수요 급증을 맞았다. 이를 의료기관의 이미 갖춰진 의료 공급망과 결합하여 확보하는 것이 의료와 공공 부문에서 매우 중요해졌다.

의료 공급망은 약물이나 치료기기를 제시간에 전달하고 환자의 빠른 회복을 도울 뿐 아니라 부족한 병상 수를 파악하여 이를 실시간으로 지원하는 최적화된 공급망도 중요해졌다.

⑦ 쏟아지는 환자 중심 건강정보

의료 전문가의 조언을 맹신하던 시대는 지났다. 오늘날의 환자는 건강정보에 매우 밝을 뿐 아니라 클릭 한 번으로 많은 정보를 얻을 수 있다. 웹엠디(WebMD)에서 자가 진단을 하고 NHS 앱과 같은 정부 플랫폼에서 증상을 확인하는 것부터 최신 의학지식을 온라인 의학 저널에서 살펴보는 것이 가능하게 되었다.

재택 유전자 검사의 대유행으로 지난해에는 어느 때보다 많은 사람이 자신의 DNA를 건강 데이터베이스에 추가했다. 세계적으로 이미 1억 명이 넘는 사람들이 유전자 검사에 나섰다.

이상의 7가지 메가트렌드로 볼 때 헬스케어 4.0은 머잖아 넥스트 노멀(Next Normal)이 될 것이다. 헬스케어 분야의 혁신을 수용하는 국가와 조직은 환자들의 증가하는 요구 사항에 대해 더욱 빠르고 효율적이고 나은 서비스를 제공할 수 있을 것이다. 클라우드에서 데이터 기반 질병 예측에 이르기까지, 헬스케어 4.0의 미래는 바로 지금이다.

의료 체계의 문제와 필요한 변화

코로나 사태를 겪으면서 감염관리에 대한 적잖은 변화가 진행되었지만, 아직도 감염 전문병원이나 음압병동 확충에는 더 많은 변화가 필요하다. 구체적인 감염관리 대책은 질병관리청과 전문가의 논의를 통해 이루어지겠지만, 코로나 사태 이후 가장 두드러진 변화는 감염관리 외에도 의료 전반의 체계에서 감지된다.

병·의원은 대부분 코로나 사태로 진료 환자가 절반 가까이 줄어들 정도로 심각한 타격을 받았다. 규모가 큰 의료원이나 대형병원은 타격이 그다지 크지 않지만, 규모가 작은 병원이나 의원은 타격이 훨씬 크다는 점이 주목된다.

우리나라의 의료 체계는 아직 선진 외국처럼 각급 의료기관별로 진료 단계가 명확히 구분되거나 유형별로 정립되어 있지 않아서 의료기관을 임의로 선택할 수 있다. 그래서 경증환자들까지도 대형병원으로 쏠리는 현상이 생기는 것이다. 그런 탓에 우수한 의료진과 뛰어난 사회보장의 건강보험 체계로 의료 접근성은 매우 높음에도 불구하고 의료 서비스 제공의 효율성이 떨어질 뿐만 아니라 지역 편차가 점점 더 벌어지는 원인이 되고 있다.

메르스나 사스와 같은 감염병 대유행 사태가 잦아지면서 정부는 국가 지정 격리병상을 체계화하고 감염전문병원을 도입했다. 하지만 이번 코로나 사태처럼 확진자 수가 많고 장기화할 경우를 대비한다면 종합병원 이상급의 원활한 병실 확보가 전제되어야 한다. 물론 정부정책으로 종합병원 이상급에서 원활한 병실 확보 대책을 마련하고, 경증환자의 종합병원 이상급의 쏠림 현상을 방지하는 대책이 병행되어야 한다. 하지만 지금으로선 제도만으로 그런 쏠림 현상을 해소하기란 역부족이다. 그러므로 환자 개개인의 바람직한 행동방식이 강조

되겠지만, 그것도 분명한 제도 혁신 없이는 기대하기 어렵다.

우리나라는 종합병원 이상급의 쏠림 현상 외에도 교통의 발달로 인한 지역 간 이동 현상도 매우 심각한 상태다. 선진 외국의 의료체계는 대개 해당 지역의 중증환자도 지역거점병원으로 가게 되어 있다. 이에 반해 우리나라는 지역거점병원을 건너뛰고 대도시 대형병원으로 곧바로 이동한다. 가령, 암 환자의 절반가량이 상급 종합병원에서 진료를 받고 있으며, 비수도권 환자일수록 의료기관을 이동하는 횟수가 높은 것으로 확인되었다. 의료의 질에서 수도권과 지방 사이에 차이가 거의 없는 점을 고려하면 이런 현상은 의료 자원을 낭비하고 의료 서비스의 효율성을 크게 떨어뜨리는 것으로, 바로잡아야 할 과제다.

의료 체계에서 지역거점병원의 역할은 매우 중요하다. 2005년에 미국 뉴올리언스를 강타한 허리케인 카트리나는 지역거점병원 역할의 중요성을 새삼 일깨워 주었다. 카트리나의 여파로 뉴올리언스의 지역거점병원들이 제 기능을 잃자 이후 수년간 그 지역주민의 사망률이 미국 전체 국민의 사망률보다 훨씬 높아졌다. 지역거점병원들이 해당 지역의 중증환자 치료의 최전선 역할을 해왔기 때문이다. 우리나라는 지방의 지역거점병원이 아직 그런 신뢰를 얻지 못하고 있다. 이는 단순히 의료 체계만의 문제가 아니라 교육 문제와 마찬가지로 사회구조의 문제에서 비롯한 문제다. 당장은 의료 체계의 혁신이 필요하겠지만, 궁극적으로는 사회구조의 변혁을 고민해야 하는 문제다.

최근 들어 선진 외국에서는 중증환자의 지역거점병원으로의 이동

조차 감소하는 추세에 있다. 로봇 의료, 즉 AI 의료의 본격적인 등장으로 각급 의료기관 간 그리고 의사들 간의 의료 능력이 상향평준화되고 있기 때문이다. 로봇 수술로 인한 그런 효과가 이미 증명되고 있는 것인데, 우리나라는 좀 더 시간이 필요한 상황이다.

코로나 사태처럼 기하급수적으로 폭증하는 전염환자에 대비하려면, 또 신종 전염병에 대비하려면 지역 간 이동을 최소한으로 줄이고, 경증환자의 종합병원 이상급 쏠림 현상을 해소할 방안을 마련해야 한다.

3

앞으로 다가올 의료와 건강의 미래

보건의료의 나아갈 방향

인공지능의 역할

최근의 연구 사업에서 가장 핵심적인 부분 중 하나가 ICT 융합 분야이다. 보건의료 분야에서도 전 영역에 걸쳐 ICT 융합 연구가 진행되고 있으며, 그중 핵심적인 역할이 바로 AI다. 인공지능은 빅데이터, 사물인터넷, 서비스 로봇, 클라우드 등과 함께 보건의료 분야의 ICT 융합 정책을 선도하고 있다.

코로나 사태 이전에도 만성질환 치료, 특히 노령층 치료에서 인공지능을 통한 의료 연구가 활발하게 진행되어왔다. 감염성 질환이 주기적으로 발생하긴 하지만, 21세기 들어 코로나 정도의 대유행은 없어서 보건의료계는 고혈압, 당뇨, 치매, 암 같은 비감염성 만성질환의 치료와 관리가 중요하다고 여겨왔다. 세계적인 의학저널에서 이런 만성질환의 사회적 부담 문제점을 지적하고, 또 만성질환 치료에서 의료 접근성을 개선하기 위한 인공지능 활용 연구가 활발하게 이루어져왔다.

이번 코로나 사태에서도 인공지능은 WHO보다 더 빨리 코로나 감염 사태를 예측하는 등 놀라운 능력을 발휘했다. 사스나 메르스와 같은 호흡기 바이러스 감염질환의 일반적인 특성은 겨울에 정점을 찍고 기온이 올라가면서 날씨가 따뜻해짐과 동시에 그 위세가 수그러들었다. 코로나도 출현 초기에는 대다수가 그런 패턴으로 갈 것으로 예측했지만, 그런 예측이 보기 좋게 빗나가고 새로운 양상을 보임으로써 인공지능을 통한 정밀한 예측이 필요하게 되었다.

인공지능은 이러한 감염 추이에 대한 예측뿐 아니라 유용한 치료 후보물질을 발굴하고 치료 백신에 필요한 약물 분자 조합을 찾아내는 데 결정적인 역할을 하고 있다. 만약 인공지능이 없다면 치료 후보물질을 발굴하는 데만 해도 보통 1만 개의 후보물질 검토가 필요하고, 임상시험까지 거치려면 최소 10년 이상이 걸릴 수도 있다.

이에 반해 인공지능을 이용하면 한 번에 100만 건 이상의 논문을 검색할 수 있다. 인공지능은 단순히 많은 논문 검색을 통해 치료 후보물질을 찾아내는 데 그치지 않고, 특정 분자 및 분자 구조의 치료 효과도 밝혀내고 있다.

인공지능 기술이 발전하면서 의료계에서는 실제 진단 과정에서 인공지능이 의사의 역할을 대신하는 기술이 소개되고 있다. 아직은 제한적이지만, 위 및 대장 내시경 때 발견되는 용종의 조직검사 및

갑상선 조직검사에서는 그 정확성이 증명되었다. 물론 인공지능 기술이 의료 현장에 보편적으로 적용되어도 '의사의 역할'은 여전히 존재한다.

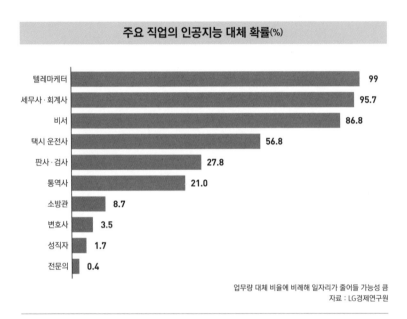

주요 직업의 인공지능 대체 확률(%)

텔레마케터	99
세무사·회계사	95.7
비서	86.8
택시 운전사	56.8
판사·검사	27.8
통역사	21.0
소방관	8.7
변호사	3.5
성직자	1.7
전문의	0.4

업무량 대체 비율에 비례해 일자리가 줄어들 가능성 큼
자료 : LG경제연구원

본격적인 의료 빅데이터 구축

코로나 사태 이전부터도 이미 의료 빅데이터를 만성질환 관리 및 치료에 이용하려는 시도가 계속되어왔다. 그러다가 코로나 사태를 계기로 의료 전반에 걸친 빅데이터 이용 시스템을 본격적으로 구축하게 된 것이다. 코로나가 헬스케어 4.0 시대를 10년 이상 앞당긴 셈이다.

앞에서도 말했듯이 이번 코로나 감염 치료 후보물질을 도출해 내는 과정에서 빅데이터와 인공지능이 결정적으로 역할을 한 사실에 주목할 필요가 있다. ICT와 AI를 통해 시간과 장소의 제약 없이 만성질환 환자의 건강 상태 관리 및 개별맞춤 의료 서비스를 실현하려면 의료 빅데이터가 구축되어야 한다.

우리나라는 코로나 사태 이전부터 의료 빅데이터 구축 사업에 공을 들여왔는데, 코로나 사태로 더욱 박차를 가하게 되었다. 국민건강보험 자료를 이용한 건강보험공단 데이터와 병원 간의 실제 의료 데이터를 함께 모으는 공통 데이터 모델이 대표적인 빅데이터 사례다.

의료 빅데이터 구축은 궁극적으로 환자 개별맞춤 진료를 통해 보건복지를 향상하려는 공익 목적의 사업이다. 잘 구축된 의료 빅데이터를 토대로 ICT와 AI를 통해 CDSS(임상 의사결정 지원 시스템)를 이용한다면 명실상부한 헬스케어 4.0 시대를 열 수 있다. CDSS는 환자를 진료할 때 예방, 진단, 치료, 처방 그리고 예후의 각 단계에서 임상의의 의사결정을 도와주는데, 이 과정에서 환자나 보호자와 충분한 정보 공유가 가능하다.

우리나라는 사회의무보험으로 모든 국민이 의료보험에 가입되어 있고, 그에 따라 축적된 데이터를 활용한 의료 시스템 혁신 연구가 활발하다. 그러나 이것은 연구용으로 생성된 데이터가 아니라서 실질적인 임상 정보가 충분하지 못한 탓에 개별맞춤 의료 데이터로 사용하는 데는 한계가 있다. 반면에 공통 데이터 모델은 실질적인 임상 정보가 비교적 충분하지만, 각 병원에서 사용하는 의료 프로그램

간의 이질성 문제를 극복하기가 쉽지 않다.

인공지능 분석을 위해 실제 데이터의 축적에 이질성이 없어야 하지만, 실제 의료 환경에서는 그렇지 않기 때문에 CDSS가 보편적으로 이루어질 수 없는 어려운 측면이 있다. 의사마다 여러 가지 이유로 같은 조건의 환자가 와도 치료하는 방식이나 방향 그리고 처방이 다 다르므로 이질적인 데이터가 모일 수밖에 없다는 것이다. 이상적인 CDSS를 구축하려면 현재의 진료 체계가 모두 진료 지침을 정확하게 따르는 일정한 수준을 유지해야 한다. 그래야 데이터를 통해 진료에 실제로 도움이 되는 인공지능 분석 도출이 가능하다.

의료 빅데이터 구축에서는 늘 개인정보 침해가 논란이 되고 있다. 다른 선진 외국과 마찬가지로 우리나라도 개인정보에 관한 보호법을 제정하여 시행하고 있다. 불가피한 면도 있지만, 이 법은 보건의료 연구에 적잖은 제약을 가하고 있다. 특히 병원 간에 데이터가 공유되지 못하고, 병원과 건강보험공단 및 통계청 간에도 데이터가 공유되지 못하고 있는 현실이다. 양질의 빅데이터 구축과 활발한 의료 연구를 위해서는 좀 더 탄력적으로 개선할 필요가 있다.

현재는 중앙행정기관, 대통령령으로 정하는 국가기관과 공공단체가 '과학적 연구'를 진행하는 경우 제한적으로만 데이터 공유를 허용하고 있다. 여기서 과학적 연구는 기술의 개발 및 실증, 기초 연구, 응용 연구 및 민간투자 연구 등을 말하는데, 공공의 이익을 목적으로 하는 보건의료 연구도 이에 해당한다.

그런데 과학적 연구를 목적으로 데이터 공유를 신청할 경우 우리나라는 행정 절차가 너무 까다롭다는 문제가 있다. 개인정보 보호 동의 면제 수준이 우리나라보다 훨씬 까다로운 미국도 의료 빅데이터를 이용하기 위한 행정 절차는 아주 간단한 데 비해 우리나라는 정작 동의 면제 수준은 낮고 행정 절차만 복잡하다는 얘기다. 연구에 필요한 데이터 이용의 행정 절차가 사용자 편의 위주가 아니라 관리자 편의 위주로 짜여 시행되고 있어서 그렇다.

민간보험 서비스 활성화

우리나라 건강보험 제도의 가장 큰 단점은 기본적으로 낮은 자가 부담률과 낮은 보장 구조를 유지하고 있다는 점이다. 또 소득 수준을 기준으로 부담액을 산정하기 때문에 소득이 많은 사람일수록 부담액이 더 많아지지만, 보장에는 차이가 없는 것도 문제점으로 인식되고 있다.

일본에서는 이러한 문제점을 개선하기 위해 적정 부담과 적정 보장의 제도 개선이 의료전달 체계 개선과 함께 이루어지고 있다. 소득이 높은 사람이 더 많이 부담하고 보장은 소득에 상관없이 공평하게 한다는 정책 취지는 좋지만, 평균에서 초과로 부담하게 되는 의료비는 공공 부분에서 지출 확대를 검토할 필요가 있다. 우리나라는 보장성 관점에서 보면 공공 부문의 보장이 매우 낮게 유지되고 있다. 이는 초고령 사회를 맞이하면 노령층의 의료 보장 문제가 더 심각해질 것이므로, 하루빨리 개선되어야 할 사안이다.

공공 부문의 보장을 증대하려면, 그에 앞서 의료보험 이용자가 의료기관을 자유롭게 선택함으로써 초래되는 특정 의료기관 쏠림 현상이나 과잉 진료 문제를 해소할 정책 혁신이 필요하다.

의료 보장이 부족한 부분을 커버하기 위해 우리나라 사람들은 민간보험을 많이 이용하고 있다. '실비보험'으로 불리는 실손의료보험이 좋은 사례다. 수천만 건에 수조 원 규모의 계약이 이루어질 정도로 가입 열기가 높은 실손의료보험은 '제2의 국민의료보험'으로도 불린다. 이 보험은 실제 환자에게 부담이 되는 입원료와 수술비 대부분을 보장해주고, 중증도가 낮은 질병의 약값까지도 보장해주어서 인기가 높다. 이 보험은 매년 계약을 갱신해야 하는데, 실제 발생한 의료비를 개인별로 다시 계산하여 재계약하기 때문이다.

여기서 노령층은 해마다 병원 방문 횟수가 늘어날 수밖에 없어서 실손의료보험의 보험료 부담이 계속 늘어나는 문제가 생긴다. 또 민간병원의 영리 행위에 따른 낭비 요인 및 비급여 진료의 방치 등 잠재하는 위험이 크다. 따라서 초고령화 사회로 가고 있는 우리나라는 국민건강보험에서 공공 부문의 보장을 확대하는 정책 보완이 시급하다.

선진 외국과 달리 우리나라는 주치의 제도가 정립되어 있지 않은 점이 의료 일선에서의 가장 큰 약점이다. 의사도 일반의 비율보다 전문의 비율이 훨씬 높아서 환자의 중증도를 구분해주고 적정한 의료전달체계를 유지할 수 있는 1차 진료의 기반과 역할이 미미한 상태다.

이번 코로나 사태를 겪으면서 병원들은 환자 감소를 몸으로 체험하고 있다. 당장은 병원 운영에 타격을 줄 테지만, 궁극적으로는 대규모 종합병원의 주된 역할은 중증환자 치료이므로 지금처럼 여유롭게 운영되는 것이 바람직한 방향이다. 이런 문제를 해소하기 위해 수도권 상급종합병원의 중증진료 수가 보상을 높이고, 경증진료 수가 보상을 낮추는 정책이 시행되고 있다. 이는 의료전달 체계를 개선하려는 단기대책 중 하나로 상급종합병원의 고유기능을 회복시키려는 데 그 목적이 있다.

의료기관별 외래 일수 점유율을 2008년과 2018년, 10년 간격으로 비교하면 상급종합병원은 4.1퍼센트에서 5.6퍼센트로 오른 반면에 의원은 81.3퍼센트에서 75.6퍼센트로 떨어졌다. 이는 우리나라의 의료 접근성이 좋은 장점이 단점으로 작용하고 있다는 반증이다. 상급종합병원으로의 접근성이 너무 좋은 나머지 궁극적으로는 경증환자와 중증환자 모두 안전하고 적정한 진료를 보장받기 어렵고, 의료자원이 낭비되고 있는 현실이다.

코로나 감염 사태를 겪으면서 우리는 새삼 감염병이 가공할 재앙이라는 사실을 깨닫게 되었다. 여러 번의 감염병 사태를 겪으면서 우리나라의 감염병 관리능력 및 방역체계가 크게 개선된 덕분에 이번 코로나 사태에 비교적 잘 대처할 수 있었다. 그러나 자만과 방심은 금물이다. 코로나와의 전쟁이 끝난 것도 아니며, 언제든지 코로나보다 더 가공할 신종 및 변종 감염병이 창궐할 수 있기 때문이다.

4.

의료 환경의
변화 시계

모든 것이 하루가 다르게 변화하는 세상이다. 의학 분야도 예외는 아니어서 우리는 이제 100세 시대를 말하게 되었다. 의료 환경은 지금도 이미 눈부시게 발전했지만, 그 변화의 시계는 앞으로 점점 더 빨라질 것으로 보인다.

세계적인 경제지 포브스가 2023년을 '디지털 헬스'의 해가 될 것이라고 발표한 이후 헬스케어 4.0 시대를 열기 위한 글로벌 기업들의 발걸음이 빨라지고 있다.

의료기기 분야에서 세계 최대의 기업으로 꼽히는 GE는 스타트업 헬스라는 조직과 손잡고 소비자 건강 관련 제품들에 대한 3년간의 엑셀러레이터 프로그램을 시작하면서, 본격적인 스타트업 양성에 들어갔다.

애플은 영국 NHS, 케임브리지 대학병원, 메이요 클리닉, 스탠퍼드 대학병원, UCLA 메디컬센터 및 세계 최대의 EHR 업체 에픽 등과 손잡고 본격적인 의료 서비스와 애플에서 자체 개발한 헬스키트의 연계 작업에 들어갔다.

구글은 구글핏이라는 운동 관련 기술을 내놓고 디지털 헬스 시장 진입을 타진하고 있으며, 동시에 노화 관련 건강 문제를 해결하기 위한 중장기 연구를 위해 칼리코를 설립했다.

미래의 의학과 의료 서비스 관련 전망에서 또 하나 빼놓을 수 없는 것은 유전자 검사를 기반으로 하는 개별맞춤 의료의 실현이다. 개인의 유전자 염기서열 전체 해독에 과거에는 엄청난 비용과 시간이 소요된 탓에 기술 장벽이 아니라 비용 장벽에 막혀 있었지만, 그에 따른 시간은 물론 비용이 가파르게 떨어지면서 이제 보편적 상용화 수준에 가까워지고 있다. 개별맞춤 의료가 실현되려면 DNA 해독 비용이 급격하게 떨어지고, DNA 정보가 실제로 치료에 영향을 줄 수 있을 정도로 가치가 있어야 하며, 이런 정보를 이용한 적절한 치료법이나 약제를 제약회사에서 만들어내야 한다. 지금까지의 의료 환경의 변화 시계만 놓고 봐도 개별맞춤 의료 시대는 그리 먼 미래의 일이 아니다.

이처럼 ICT와 AI를 접목한 개별맞춤 의료서비스는 '스마트 건강관리 서비스'를 의미한다. 첨단 과학기술의 급속한 발달에 따른 4차 산업혁명의 도래로 의료 분야에도 첨단 기술이 접목되는 상황에서 고령화 사회에 따른 만성질환자가 증가하면서 헬스케어 4.0 시대를 앞당기는 시도들이 활발하게 전개되었다.

정부는 스마트 건강관리 체계를 구축하기 위해 2020년부터 국민건강 스마트 관리 연구개발 사업을 차근차근 진행해왔다. 지난해에도 6개 연구개발 과제를 신규로 선정하는 등 지속하여 투자하고 있다.

먼저 눈여겨볼 것은 보건소 방문 건강관리 서비스 고도화 모델 개발 사업이다. 방문 건강관리 사업의 서비스와 시스템 기술 고도화를 목표로 연구 중이며, 지속 가능한 지역사회 노인 보건의료복지 플랫폼 개발을 최종 목표로 삼고 있다. 일선 보건소와 1차 시범사업을 진행하고 있으며, 3차 연도에는 데이터 마이닝을 통한 증거기반 정책 도출 및 서비스 추천 알고리즘을 개발할 예정이다.

다음으로 주목되는 것은 ICT를 활용한 1차 의료기반 만성질환 환자 모니터링 서비스 모델 구축 및 고도화 사업이다. ICT를 활용한 만성질환자 관리로 의료비를 절감하고 1차 의료의 질을 높이는 것을 목표로 삼고 있다. 이를 위해 신체검사, 임상검사, 설문과 같은 포괄 평가 입력을 간소화하고 조회 기능을 강화한다. 또 케어 플랜 수립 및 조회 기능을 통한 효율성을 증대한다. 게다가 생활습관 기록 및 모니터링을 통해 환자 관리의 질을 높인다. 그리고 지표 기반 수동 메시지 작성을 통한 의원 개별맞춤 중재 메시지를 제공한다.

셋째로는 1차 의료기관(의원)의 만성질환 적정 진료를 위한 환자 맞춤형 모니터링과 교육 시스템 및 연계 서비스를 고도화하는 사업이 주목된다. 구체적으로는 만성질환 관리 모델을 개발하고, 그에 따라 기존에 존재하는 의료진용 앱을 1차 의료기관에 맞게 고도화한다. 시스템을 통해 의료진과 환자가 편안하게 소통하고 만성질환을 관리할 수 있도록 하는 것을 목표로 삼는다.

지금은 아직 연구 단계를 벗어나지 못했지만, 이런 프로그램들이 시범 도입에 그치지 않고 지속해서 확대 적용된다면 1차 의료기관에서의 만성질환 관리에 혁신을 일으킬 것이다. 더구나 코로나의 장기화로 진료 패러다임이 대면에서 비대면으로 바뀔 것이 예상되는 가운데 이런 연구 성과는 더욱 빛을 발할 것으로 보인다.

2장

헬스케어와 개별맞춤 의료 시대

미래는 예측 의료 시대가 될 것이다. 개개인이 어떤 질병에 언제쯤 어떤 정도로 걸릴 지를 예측하여 알려줌으로써 개인마다 최적화된 예방법으로 대처할 수 있도록 하는 것이다. 오늘날에는 종합검진 프로그램에 유전자 질병 예측 서비스가 들어가 있어서 개인마다 취약한 질병 소인을 파악하여 적절하게 대처하는 의료 서비스가 제공되기 시작했다.

헬스케어
4.0 시대

여전히 '내 몸은 내가 제일 잘 안다'고 생각하는 사람들이 있고, 때로는 의학적 진단을 거스르는 사람들도 있다. 그러나 내 몸이라고 해서 유전자로 인한 질병까지 스스로 알 수는 없다.

건강 저널리스트들이 쓴 《니콜라스 볼커 이야기》에는 어릴 때부터 '장내 염증' 진단으로 100건 이상의 수술을 받은 아이가 유전체 검사로 진짜 원인을 알아낸 사례가 나오는데, 원인을 알 수 없는 불치병을 유전체 의학으로 해결한 첫 번째 사례로 기록되었다. 우리는 우주처럼 너무 큰 것도 볼 수 없고, 유전자처럼 너무 작은 것도 알 수 없다. 인간의 감각적 인지능력은 크지도 작지도 않은 중간세계에 대해서나 그나마 부분적인 정보를 얻을 수 있을 뿐이다.

현대 의학의 트렌드는 예방, 맞춤형, 참여, 세 가지 키워드로 정리된다. 이 세 가지 키워드는 모두 의학이 데이터 과학이라는 점과 연관된다. 첨단의학으로서 유전체 정보를 활용하는 국내 벤처기업 사례는 이런 현상을 잘 보여준다.

코로나 대유행과 함께 일상의 모든 영역에서 비대면 서비스 발달이 가속화되고 있다. 또 사람들이 개인 건강에 더욱 관심을 기울이면서 건강관리에 대한 인식 수준도 상당히 높아지고 있다. 따라서 포스트코로나 시대에서 비대면으로 이루어지는 개인 건강관리 서비스와 헬스케어 관련 사업의 비중은 급증할 것으로 보인다.

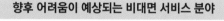

향후 어려움이 예상되는 비대면 서비스 분야

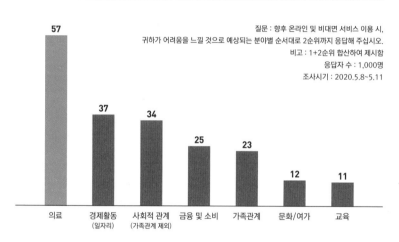

질문 : 향후 온라인 및 비대면 서비스 이용 시,
귀하가 어려움을 느낄 것으로 예상되는 분야별 순서대로 2순위까지 응답해 주십시오.
비고 : 1+2순위 합산하여 제시함
응답자 수 : 1,000명
조사시기 : 2020.5.8~5.11

출처 : 한국리서치 정기조사 여론 속의 여론

하지만 날로 커지는 비대면 헬스케어 서비스에 대한 기대감과는 달리, 현재 우리나라의 비대면 헬스케어 서비스 플랫폼은 아직 빈약하다. 그런 가운데 코로나 이후 비대면 서비스 이용 시 가장 큰 불편을 겪을 것으로 생각되는 분야 1위가 '의료' 부문으로 조사되었다. 이는 이용이 편리하고 사용자 친화적인 비대면 헬스케어 서비스 플랫폼 개발의 필요성을 방증하는 조사 결과다.

헬스케어의 발전 단계별 특징

먼저 헬스케어는 편의상 헬스케어 1.0, 헬스케어 2.0, 헬스케어 3.0 시대로 구분할 수 있다.

헬스케어 1.0 시대는 18세기부터 20세기 초반으로, 주로 전염병 예방을 목적으로 삼은 것이 특징이다. 전염병의 발생 원인을 밝히고, 전염병 예방을 위한 백신 개발 및 치료법 개발에 집중한 것이다.

그러다가 20세기 들어서면서 헬스케어 2.0 시대가 시작되었다. 과학기술이 비약적으로 발전하고 경제적으로 풍요해짐에 따라 의료산업도 발전하면서 각국은 첨단 의료서비스 체계를 갖추기 시작했으며, 질병 치료를 주된 목적으로 삼게 되었다.

21세기 이후 시작된 헬스케어 3.0 시대에는 기존 헬스케어 2.0 시대의 '질병 치료' 중심에서 '질병 예방'과 '건강관리'에 중점을 두기 시작했다. 이는 대응적·사후적 헬스케어에서 예측, 예방의 헬스케어로의 변화를 의미하며, 개개인의 특성에 따른 맞춤 의료 및 참여 의료의 성격이 두드러진다.

또 앞서 언급한 바와 같이, 코로나 팬데믹 현상으로 인해 비대면 사회로의 변화가 빨라짐에 따라 의료산업에서도 기존의 진단, 치료, 병원 중심에서 디지털 기술을 기반으로 한 비대면 형태의 소비자 중심 헬스케어 산업으로 변화하고 있다. 이는 능동적인 개인들의 적극적인 참여로 의료산업이 발전할 것임을 시사한다.

질병 예방과 건강 증진을 목적으로 하는 헬스케어 패러다임의 변화에서는 데이터가 중요한 요소로 작용한다. 따라서 데이터의 수집과 저장, 분석을 위해서는 의료서비스와 디지털 기술의 접목이 필수적이다. 의료 서비스와 ICT가 융합된 신산업을 디지털 헬스, 디지털 헬스케어라고 하며, 이는 병원 공간에서 이루어지던 전통적 치료를 시공간을 초월하여 누릴 수 있는 지능형 의료 솔루션으로 발전시킨 것이다.

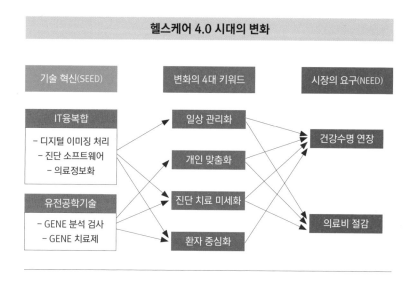

헬스케어 4.0 시대의 변화

디지털 헬스케어는 ICT를 활용해 언제 어디서나 건강관리를 받을 수 있는 것이 가장 큰 특징이다. 인공지능, 사물인터넷, 웨어러블 디바이스, 스마트폰, 클라우드 컴퓨팅 등 최신 ICT가 의료 시스템에 신속하고 광범위하게 접목되고 있다. 스마트 헬스케어 산업은 우리나라뿐 아니라 미국, 유럽, 일본, 중국 등 세계 각국에서도 정부 차원에서 산업육성책을 계획, 추진하고 있어 ICT 융합 시장 중 가장 규모가 크고 빠르게 성장하고 있는 시장이다. 디지털 헬스의 세계 시장 규모는 2018년 1,700억 달러에서 연평균 15퍼센트 이상씩 성장하여 2027년에는 5,000억 달러에 이를 전망이다. 국내 시장 규모는 2017년 20억 달러에서 2027년 100억 달러로 연평균 96퍼센트 성장할 것으로 전망되지만, 세계 시장 규모에서 차지하는 비중은 2퍼센트에도 미치지 못한다. 그러므로 디지털 헬스 산업이 발전하려면 해외 시장 진출이 필요하다.

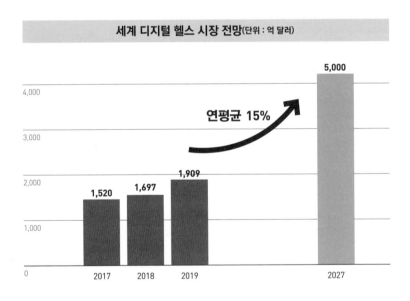

세계 디지털 헬스 시장 전망(단위 : 억 달러)

연평균 15%

5,000

1,520 / 2017
1,697 / 2018
1,909 / 2019
5,000 / 2027

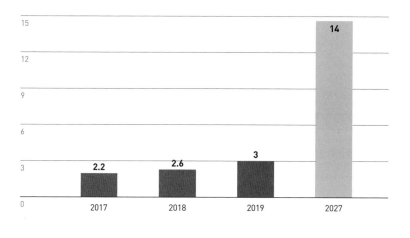

국내 디지털 헬스 시장 전망(단위 : 조 원)

헬스케어 시장 규모가 커지면서 병원, 미용관리실, 피트니스, 약국 등의 서비스도 발달하고 있다. 하지만 많은 사람이 실제 이용 과정에서 적잖이 불편을 겪고 있다.

가령, 소비자는 병원과 같은 헬스 서비스를 선택하는 과정에서 불편을 겪는다. 병원 선택에 필요한 정보는 턱없이 부족하고 특정 질환에 대한 전문성을 갖춘 병원을 찾기도 어렵다. 온라인상에는 수많은 출처 불명의 부정확한 정보와 광고가 뒤섞여 있어 소비자의 합리적인 선택을 방해한다. 자료가 너무 방대하여 자기에게 맞는 제품이나 정보를 선택하는 데도 어려움을 겪는다.

또 세계화와 더불어 해외 의료관광 규모는 점차 커지고 있지만, 불편한 결제 문제가 여전히 해결되지 않고 있다. 우리나라는 그 어떤 나라보다 헬스케어 시장에서 외국인 의료 서비스 이용자 유입이 많은 편이다. 많은 외국인이 한국의 뛰어난 의료 서비스를 받기 위해 의료관광을 계획하지만, 서비스 이용에 따른 결제 문제 등 의료 외적인 부분에서 어려움을 겪는 경우가 많아 개선이 요구된다.

의료정보 시스템의 문제

병원을 이용해본 사람이라면 누구나 한 번쯤 겪어봤을 상황이 있다. 한 병원에서 치료를 받다가 다른 병원을 가게 되는 경우, 이전 병원에서 이미 받았던 검사나 촬영을 반복하는 일이 있다. 이미 받은 문진이나 검사를 다른 병원에서 반복하는 이유는 대개 의료기록이 전달되지 않기 때문이다.

물론 오늘날에는 크게 개선되긴 했지만, 이처럼 의료정보가 효율적으로 공유되지 못하는 이유는 의료정보 기록 시스템이 개별 의료기관 단위로 독립되어 폐쇄적인 구조로 짜여 있기 때문이다. 의료정보는 개개인의 중요한 사적 정보여서 이를 보호하기 위한 법률의 규제를 받게 된 배경이 있다.

현행의 개별 의료기관 중심의 관리체계에서는 의료 데이터의 신뢰성이 담보되지 않고, 데이터의 사용에서도 투명성이 떨어지며, 데이터 손실 또는 해킹에 대한 리스크도 따를 수밖에 없다. 개인은 주체적으로 자기의 의료정보를 활용하기 어렵고, 데이터에 대한 신뢰도도 낮을 수밖에 없으며, 개인정보 유출에 대한 불안감을 떨치기 어렵다.

실제로 의료 데이터 해킹 사례는 매년 급증하고 있다. 2015년에는 해킹된 의료기록이 미국에서만 1억1,200만 건 이상이며, 이로 인한 피해액이 62억 달러를 넘는다.

의료정보를 공유하지 못하는 의료진은 환자의 지난 정보를 얻기 어려우므로 최선의 의료 서비스에 어려움을 겪을 뿐 아니라 불필요한 검사를 반복하게 됨으로써 환자의 의료비 부담이 가중되고 의료자원이 낭비되는 부작용을 초래한다.

의료 공급자에 의해 의료기록이 허위로 기재되거나 임의로 변경되는 경우도 종종 있어 사회적으로 문제가 되고 있지만, 현행 의료정보 체계에서는 이를 구조적으로 해결할 방안이 없다.

2.

성큼 다가온 바이오 융복합의 미래 의료

선진 6개국 과학자들이 1990년부터 공동으로 추진해 온 인간 게놈프로젝트(Human Genome Project)가 15년 만에 완료됨으로써 인간의 모든 유전정보가 해독되었다. 인간의 유전정보는 세포핵 안에 있는 23쌍의 염색체 속에 DNA 분자 구조로 존재하며, 이는 30억 개에 달하는 염기 배열로 이뤄져 있다. 아직 모든 유전자의 역할 및 특정한 유전자가 기능하는 방식에 대해서는 완전히 밝혀지진 않았지만, 이것만으로도 유전체 의료 발전의 신기원을 연 것이다. 이리하여 개개인의 유전적 소인에 맞춰 진단과 치료를 할 수 있는 맞춤 유전체 의료 시대가 우리 앞에 성큼 다가왔다.

맞춤 의료는 개인의 특성을 무시한 보건학적 통계에 근거한 표준 의료와는 달리, 개인의 특성, 즉 가족력, 위험인자, 개인 고유의 병력 등에 관한 정보와 함께 유전적 특성을 고려하여 실시하는 일대 의료 혁신이라 할 수 있다.

지금까지의 의료는 표준화되고 평균화된 치료 지침에 환자를 끼워 맞추는 방향으로 펼쳐진 바람에 개개인의 특성은 무시된 채 같은 병증에는 일률적으로 같은 약물이 같은 방식으로 처방되었다. 그리하여 그 약물이 어떤 환자에게는 효과를 보였지만, 다른 환자에게는 전혀 효과를 보이지 못하거나 오히려 독이 되기도 했다.

기존 의료 방식의 이런 허점을 타개하고자 나온 것이 헬스케어 4.0으로, 개별맞춤 의료다. 이는 환자 개개인의 특성과 체질에 따라 진단하고 치료함으로써 진단의 정확도를 높이고 치료 효과를 극대화하는 목적이 있다.

이러한 의료 혁신으로 개개인의 질병 발생을 효과적으로 예측하고 치료 효율을 높이며 부작용을 최소화해 의료서비스 만족도를 증대시킬 뿐 아니라 궁극적으로 의료의 사회적 비용을 효율적으로 운용할 수 있게 된다.

현대 의학에서는 건강한 사람이 아닌 환자가 의료의 주요 대상이고 유일한 의료 공급자 역할은 의사가 주로 맡는다. 그에 따라 치료는 당연히 병원에서 이루어지고, 수술과 약물 처방이 주된 내용을 이룬다.

그러나 미래 의학에서는 의료의 주요 대상은 이미 질병에 걸린 환자보다는 질병을 예방하고 싶은 건강한 사람이다. 따라서 의료 행위의 주도권은 공급자인 의사가 아니라 소비자에게 있으며, 더욱 건강하고 아름답게 살아가는 데 도움이 되는 조치가 의료의 주된 내용을 이룬다. 이처럼 의료가 질병 치료 중심에서 헬스케어 중심으로 변화하는 것은 패러다임의 일대 전환으로, 그 공급자는 의사 외에도 영양사, 헬스 트레이너까지 다양해지고 서비스 장소도 병원 밖으로 확대된다.

나아가 미래 의료는 '예측 의료' 시대가 될 것이다. 개개인이 어떤 질병에 언제쯤 어떤 정도로 걸릴 지를 예측하여 알려줌으로써 개인마다 최적화된 예방법으로 대처할 수 있도록 하는 것이다. 오늘날에는 종합검진 프로그램에 유전자 질병 예측 서비스가 들어가 있어서 개인마다 취약한 질병 소인을 파악하여 적절하게 대처하는 의료 서비스가 제공되기 시작했다.

미래 의료의 또 다른 형태에는 '참여 의료'가 있다. 지금까지 의사와 환자의 관계는 순전히 공급자와 수혜자의 관계가 당연한 것으로 여겨져 왔다. 하지만 앞으로는 환자가 일방적인 수혜자로만 머물지 않고 공급자인 의사와 대등한 위치에서 자신의 의료정보를 공유하고 능동적으로 건강을 챙기게 될 것이다. 이것이 바로 참여 의료 개념이다.

2006년 설립된 미국 생명공학기업 '23앤드미(23andMe)'는 질병을 진단할 수 있는 유전자 검사를 주력 사업으로 삼고 있다. 회사 이름에 들어가 있는 숫자 23은 사람의 염색체 수다. 염색체 안에 유전자를 구성하는 물질 종류와 배열에 따라 사람의 성격, 건강 등이 결정되므로 23개 염색체는 '나(Me)'와 다름없다.

이 기업의 모토는 "유전자 분석을 통해 사람들이 자기를 더 잘 알수 있도록 돕는다"는 것이다. 고객이 플라스틱 용기에 자신의 침을 담아 보내면 6~8주 뒤에 유전자 분석 결과와 각종 건강정보를 전달해준다. 비용은 서비스에 따라 차등을 두어 자기가 필요한 만큼의 서비스만 받을 수 있다.

참고로 이 회사의 유전자 검사는 미국에서 '뿌리 찾기' 서비스로도 활용되었다. 이 서비스를 통해 수십 년 만에 가족을 찾는 사례가 나오며 회사의 인기와 가치가 치솟았다. 시사주간지 〈타임〉은 23앤드미의 유전자 검사 키트를 '2008 올해의 발명품'으로 선정하기도 했다.

급성장하던 23앤드미는 2013년에 창립 이후 최대의 위기를 맞았다. FDA가 유전자 분석 결과를 의학적으로 검증받지 못했다는 이유로 검사키트 판매를 중지시킨 것이다. 그러자 회사는 의학적 판단이 개입할 여지가 있는 정보를 제외하고, 발병에 유전자 영향이 명확히 밝혀진 특정 유전병(블룸증후군)에 대해서만 FDA에 서비스 허가를 다시 신청했다. 2015년, 결국 FDA로부터 서비스 허가를 받아냄으로써 의사 없이도 유전자를 검사하는 'DTC(소비자 직접 의뢰)' 검사 시장을 처음 열었다. 이후 FDA는 파킨슨병, 알츠하이머, 셀리악병 등 10개 주요 질환의 위험도를 살펴보는 유전자 검사 서비스도 허가했다.

23앤드미는 1,000만 명 이상의 유전자를 분석하면서 쌓아온 데이터가 회사 가치를 높일 수 있다고 판단한다. 전체 고객의 80퍼센트 이상이 자신의 데이터를 질병 발생 원인과 치료 연구에 사용하도록 동의했다. 이제 23앤드미의 장기적 성공 여부는 유전자 검사 서비스를 넘어 건강의약품 개발과 판매로 사업을 확장할 수 있느냐에 달려 있다. 이에 23앤드미는 신약 개발 등을 위해 글로벌 제약사들과 제휴를 맺고, 헬스케어 4.0을 선도하는 기업으로 도약을 준비하고 있다. 우리 의료산업이 주목해야 할 대목이다.

우리나라에서도 2016년부터 소비자 직접 검사가 허용되어 비만,

고혈압, 고지혈증, 피부, 탈모 등 12가지 항목에 대해 유전자 검사 서비스가 시행되고 있는 가운데 향후 더욱 많은 유전자 서비스가 소비자에게 직접 제공될 것으로 기대된다.

이처럼 앞으로 더욱 많은 의료 소비자가 자신의 정보를 제공할 뿐 아니라 자신의 정보를 능동적으로 이용할 수 있는 참여자의 지위를 갖게 될 것이다. 따라서 미래 의료에서는 병원 중심이 아니라 환자 중심의 진료 형태로 그 패러다임이 바뀔 것이다.

하나 더 덧붙이자면, 맞춤 의료에서 한 단계 더 진보한 정밀의료가 미래 의료의 중요한 사업 모델이 될 것이다. 기존의 임상병리학에 분자의료 기술을 도입함으로써 진단부터 치료에 이르기까지 모든 단계를 유전, 환경, 생물학적 특성 등 환자 개인의 조건에 맞게 실시하는 포괄적 개념이 정밀의료다. 이는 이미 일부 의료 영역에서 채택하고 있는데, 특히 암 치료 분야에서 비약적인 발전을 이루고 있다. 1세대 항암치료 방식에 비견되는 2세대 유전체 기반의 표적 치료는 이미 많은 암 치료에서 상용화되고 있는데, NGS(차세대염기서열분석)의 눈부신 발전에 따른 것이다.

2006년에 NGS를 처음 선보였을 때만 해도 한 사람의 게놈을 분석하는 데만 천문학적인 비용과 수개월의 시간이 걸렸다. 그야말로 그림의 떡이었다. 그러나 이제는 일반의 상용화에 필요한 비용의 경제성과 시간의 신속성이 실현됨으로써 정밀의료의 핵심 수단이 되었다.

NGS는 항암제 선택뿐 아니라 선천성 혹은 후천적 질병의 진단, 제2의 게놈으로 불리는 마이크로바이옴의 분석, 산모 혈액을 통한

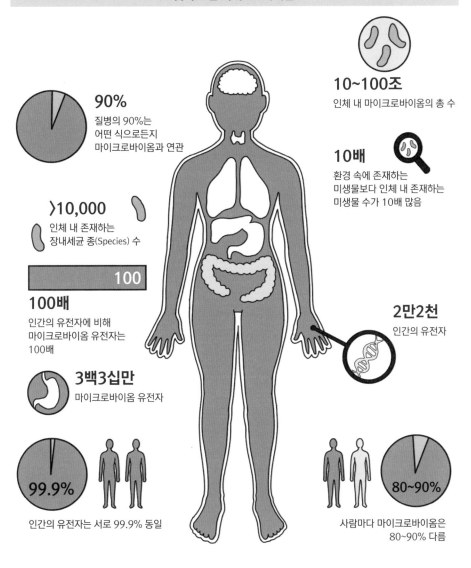

10~100조
인체 내 마이크로바이옴의 총 수

90%
질병의 90%는
어떤 식으로든지
마이크로바이옴과 연관

10배
환경 속에 존재하는
미생물보다 인체 내 존재하는
미생물 수가 10배 많음

〉10,000
인체 내 존재하는
장내세균 종(Species) 수

100배
인간의 유전자에 비해
마이크로바이옴 유전자는
100배

2만2천
인간의 유전자

3백3십만
마이크로바이옴 유전자

99.9%
인간의 유전자는 서로 99.9% 동일

80~90%
사람마다 마이크로바이옴은
80~90% 다름

태아의 질환의 예측 등 광범위한 의료 분야에서 활용되고 있다.

현대 의학을 넘어 다가올 미래 의료, 즉 헬스케어 4.0 시대는 '5P 의료' 시대라고도 한다. 개별맞춤(Personalized) 의료, 예방(Preventive) 의료, 예측(Prediction) 의료, 참여(Participatory) 의료, 정밀(Precision) 의료가 5P 의료다. 5P 의료를 통해 환자의 진단과 치료에서 획기적인 혁신을 이루고 나아가 질병을 극복함과 동시에 건강을 최적화하는 시대가 우리 눈앞에 온 것이다.

3

질병을 예측하여
예방하는 시대

이제 질병을 예측하여 미리 발병 원인을 제거함으로써 질병을 예방하는 시대가 열렸다. 개인의 유전정보 검사 덕분이다.

유전자 분석의 효용

40대에 들어선 한 여성은 왼쪽 가슴 유방암 진단을 받았다. 암 덩어리가 이미 커져서 왼쪽 유방을 절제하는 수술을 받았다. 10여 년 전에 어머니를 유방암으로 잃은 슬픔이 있어서 가족 전력이 의심되었다. 유전자 검사를 해보니 과연 유방암 발생 확률이 매우 높은 브라카(BRCA2) 돌연변이가 발견되었다. 집안 여성들 모두가 유방암에 걸릴 위험이 컸으므로 그의 오른쪽 유방도 암에 걸릴 확률이 높은 것으로 예측되었다.

예측 결과를 믿은 이 여성은 결국 왼쪽 유방 절제 수술을 받은 지

1년 만에 아직 발병 전인 오른쪽 유방을 예방 차원에서 절제하는 수술을 받았다. 이후 동시에 양쪽 유방 재건 수술을 받아 본래 유방 모양을 갖춘 이 여성은 암 공포에서 벗어날 수 있었고, 미용 면에서도 만족했다. 예방 의료가 자칫 암울했을 한 사람의 인생에 행복을 선사한 것이다.

세계적인 배우 안젤리나 졸리도 바로 이런 사례에 속한다. 그녀는 2013년 유방암 발병 위험이 70~80퍼센트나 되는 브라카(BRCA1) 유전자 변이 보유 진단을 받고서 암을 예방하고자 아직 멀쩡한 양측 유방을 모두 절제하는 수술을 받았다. 이에 대중은 충격을 받았지만, 이는 '안젤리나 졸리 효과'로 불리면서 의료에 대한 '치료 중심'의 고정관념을 뒤엎고 '예방 중심'의 의료로의 발상과 인식의 전환을 불러왔다.

그 효과는 우리나라에도 큰 반향을 불러와 브라카 유전자 검사 빈도가 급증했으며, 예방적 유방 절제 수술 또한 가파르게 증가했다.

졸리는 〈뉴욕타임스〉에 게재한 기고문에서 단지 유방암에 걸릴 확률이 높다는 위험 때문에 정상적인 유방 조직을 제거했다고 밝히는 이유를 들었다.

"나는 내 이야기를 혼자서만 간직하지 않기로 했다. 자신이 암의 위험에 노출되어 있다는 것을 모르고 살아가는 여성들이 많기 때문이다. 삶에는 많은 도전이 동반된다. 우리가 두려워하지 말아야 할 것은, 우리가 통제하고 조율할 수 있는 도전이 있다는 점이다."

졸리는 유방 절제 수술을 한 2년 뒤인 2015년에 악성 종양이 발견된 난소 제거 수술을 받았다. 브라카 유전자 변이 보유자는 난소암 발병 위험도 50퍼센트가 넘는 것으로 예측되었다.

암 발병에는 '가족력'이라는 게 있다. 가족성 암의 유전자 검사를 해보니, 특정 원인 변이 유전자와 연결된다는 것이 확인되었다. 그 대표적인 것이 유방암과 난소암 발병 위험을 크게 높이는 브라카 유전자 변이다. 여성 1,000명당 5명이 이 변이를 가진 것으로 추산된다.

이 밖에도 유전성 암과 관련하여 수십 개의 유전자가 밝혀지고 있다. 이 유전자들 대부분은 암 억제 유전자로서 암 발생을 줄이는 역할을 해야 하는데, 변이가 생겨 그 기능을 못 하므로 암 발생 위험이 크게 높아지는 것이다.

이런 유전자 변이를 타고난 사람은 드물 뿐 아니라 외모나 체질 등으로는 구별할 방법이 없다. 혈액이나 타액을 통한 유전자 염기서열 분석만으로 진단할 수 있을 뿐이다.

질병의 치료나 개인의 행동에 영향을 주는 결정적인 유전자는 '실행 가능한 돌연변이'로, 지금까지 1,000여 개가 발견되었다.

암이 발생하면 암 유전자는 정상 유전자와 달리 다양한 변이를 대량으로 만든다. 암 진행에 관여하는 특정 유전자들의 발현량이 늘거나 줄어드는 일이 잦아지는데, 이런 유전자들의 발현량을 측정하여 환자의 향후 전이 가능성을 예측할 수 있다. 예후가 나쁘게 예측되는 환자들만 선택하여 항암치료를 실시할 수 있다. 이제 유전자 검사 정밀화로 암 발생을 예측하여 예방적 수술을 하고, 항암제가 필요한 환자를 선택적으로 골라 치료하는 시대가 온 것이다.

의료혁명의 전조, 인간게놈프로젝트

인간게놈프로젝트 이후 유전자 변이와 질병 연구는 크게 늘었다. 유전적 변이에 관해 2003년 이후 발표된 논문은 해마다 꾸준히 늘어 2017년 한 해에만 1만 편을 넘겼다. 사실 유전체 연구는 이보다 더 많다.

비만 유전자로 알려진 FTO 유전자에 관해서는 2,000여 편의 논문이 발표되었다. 이런 논문들은 메타분석에서 유의미한 결과를 냈다. 19년간 추적한 코호트 연구에서 FTO rs9939609의 변이AA의 심혈관 질환 및 뇌혈관 질환 발생 위험도가 각각 1.905, 1.849에 달했다. 다른 위험 요인을 통제하고서도 질병 발생이 2배에 가까운 위험 요인이라는 것은 의미가 크다. 이런 사례는 숱하다. 치매 유전자로 잘 알려진 APOE 변이 E4/E4는 치매 위험도를 7배나 증가시킨다. 엽산의 비가역적 대사 경로로 알려진 MTHFR 변이는 호모시스테인을 높이고 심혈관 질환과 유방암, 치매 등의 질병 위험도를 높인다.

질병 예측은 여전히 어려운 일이다. 질병을 예측하려면 질병에 영향을 주는 숱한 독립변수들로 최선의 모형을 만들어야 한다. 이런 모형에 유전자 변이가 차지하는 비율은 아직 낮다. 더구나 단일 유전자 하나가 질병에 미치는 영향력(질병 기여도)은 매우 낮다. 그러므로 유전자 변이는 예측 도구보다는 위험 요인으로 인식하는 것이 바람직하다. 호모시스테인이나 CRP 염증 수치가 여러 연구를 거쳐 심혈관 질환이나 암 질환의 위험 요인이 된 것처럼, 유전적 변이도 여러 연구를 거쳐 위험 요인, 즉 유전적 소인으로 판명되고 있다.

질병 예측 시 고려해야 할 요소들

세계 굴지의 기업들이 앞선 연구들을 바탕으로 유전체 질병 예측 서비스를 시행하고 있다. 크레이 벤터는 미국을 대표하는 유전체 질병 예측 서비스 업체 23앤드미와 네비제닉스의 질병 예측 결과를 비교하여 〈네이처(2009)〉지에 발표했다. 그런데 두 회사의 예측 결과가 일치하는 부분도 있지만, 예측 결과가 크게 다르거나 정반대로 나온 부분도 있었다. 과학을 근거로 만들었다는 예측 서비스가 같은 사람을 대상으로 다른 결과를 보여준다면 혼란이 올 수밖에 없다.

그렇다면 이런 혼란은 왜 생기는 걸까. 회사마다 질병 예측에 사용하는 유전자와 변이를 다르게 고른 것이 가장 큰 이유로 밝혀졌다. 논문이 실린 2009년은 GWAS(게놈 연관 연구) 사례가 아직 많지 않을 때이며, 질병과 관련된 유전자 연구 대부분은 소규모 대상의 연구에서 인용된 것이었다. 오늘날에는 더 많은 연구 사례를 바탕으로 신뢰성 있는 유전자 검사 결과가 나오고 있지만, 어떤 유전자와 변이를 사용할지는 여전히 회사의 고유 권한이다.

우리나라에는 이 질병 유전자를 고르는 데 질병관리청에서 제시한 기준이 있다. 한국인 또는 동아시아인 대상 연구가 있어야 하고, 최소 2개 이상의 논문을 가지고 있어야 한다는 것이다. 그러나 특정 질병(가령 우리나라 연구자가 드문 질병 등)에서는 대상 조건을 한국인에 국한하는 것이 더 좋은 유전자를 고르는 데 제한 요소가 될 수도 있다.

2016년에 우리 정부가 고시하여 소비자에게 바로 유전체 검사를 할 수 있게 한 DTC 서비스는 모든 회사가 정부에서 직접 지정한 유전자를 사용해야 한다. 그러나 이 경우에도 같은 유전자에서 다른 SNP(단일 유전자 변이)가 픽업될 수 있으며, 여러 유전자를 질병 예측에 사용할 경우 회사마다 다른 가중치와 알고리즘을 적용하므로 여전히 다른 예측 결과를 낼 수 있다.

어떤 회사의 유전체 예측이 가장 정확한지 단정하여 말할 수는 없지만, 유전체 예측 서비스를 직접 사용하는 의료진이 이제 유전체에 대한 기본 지식을 알아야 하고, 회사들은 어떤 유전자가 사용되었는지, 어떤 SNP를 사용했는지 의료진에게 공개해야 한다.

아직도 많은 회사가 그런 기초 정보를 공개하지 않고 있는데, 만약 SNP의 고유번호인 RS 번호를 의료진이 알게 되면 유전적 위험에만 국한되지 않고 약물이나 생활습관과 연관된 후속 연구를 더 찾아내어 훨씬 유효한 임상 결과를 낼 수 있게 될 것이다.

질병 예측에서 유의할 것은 유전자만으로 예측하는 데는 한계와 위험이 따른다는 것이다. 암과 심혈관 질환 등 주요 만성 질환은 유전자만으로는 설명이 되지 않기 때문이다. 흡연, 비만, 음주, 운동 부족, 스트레스 등 비유전적인 환경 인자에 영향을 받는 경우가 더 많다. 따라서 질병 예측 모형을 만들 때는 반드시 유전적인 위험과 함께 환경적인 위험을 같이 적용해야 한다. 가령 폐암의 유전적인 위험이 1.75배 높더라도 게다가 흡연을 하게 되면 그 위험도는 12.5배나 더 증가한다. 이처럼 나쁜 생활습관에 따른 발병 위험도가 유전적 위험도보다 더 높은 경우가 많으므로 유전적 위험도를 알려주는 것 못지않게 생활습관을 개선하는 것이 중요하다.

의료진이 질병을 예측하고 환자의 생활습관을 바꾸려면 정확한 질병 예측 모델을 사용했느냐가 가장 중요한 기준이 된다. 그리고 이런 기준에 따라 질병 예측 서비스가 의료에 활용되도록 하려면 의료진이 열린 자세로 서비스 개선을 주도해야 한다.

유전과 흡연의 상호작용을 통한 폐암 위험도 예측

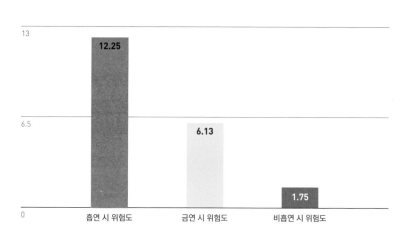

4

개별맞춤 의료와
건강 진단

현대 의학에서 체질 의학과 같은 개념을 확산시킨 것이 바로 유전체 의학의 발전이다. 의학계는 인간 게놈프로젝트 완성을 통해 사람 간의 유전체는 99.97퍼센트가 같지만, 나머지 0.03퍼센트에 해당하는 대략 1,000만 개의 위치에서 사람마다 다른 염기 변이가 있으며, 이 변이가 개인의 특성을 결정한다는 것을 알게 되었다.

게놈 학문의 발전은 개인 간 질병의 차이뿐 아니라 습관, 성격, 취향 등의 차이도 밝혀내면서 약물과 음식에 대한 반응의 차이도 설명할 수 있게 되었다. 유전체에 따른 개인의 차이를 임상에 적용하는 것을 개별맞춤 의료라 하고, 각자의 몸에 맞춰 재단하는 맞춤 양복과 같아 맞춤재단 의료라고도 한다.

개인별 맞춤 의료와 질병과의 상관관계법

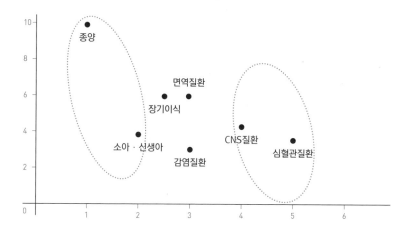

개인 간의 특성은 가령 술을 마시는 데서도 극명하게 나타난다. 어떤 사람은 양주 같은 독한 술을 아무리 마셔도 얼굴에 표 하나 나지 않는가 하면, 어떤 사람은 맥주만 한 잔 마셔도 술을 혼자 다 마신 양 얼굴이 발개진다. 심지어 어떤 사람은 소주를 몇 잔만 마셔도 그날 먹은 것을 다 토해내야 할 만큼 부대낀다.

이렇게 술을 잘 못 마시는 것은, 알코올이 분해되는 과정에서 에탄올이 ADH와 ALDH 두 단계를 거쳐 대사가 되는데, 이 중 ALDH 유전자 변이가 있으면 아세트알데하이드가 체내에 오래 머물면서 안면 홍조를 일으키고 구토를 유발하기 때문이다.

홍조나 구토를 일으키는 이 유전자 변이는 서양인보다는 동양인에게 많다. 특히 우리나라 사람은 3분의 1가량이 이 유전자 변이를 가졌는데, 이런 사람은 대개 술을 조금만 마셔도 얼굴에 홍조를 띠고, 거기서 조금 더 무리하면 토하게 된다.

요즘이야 우리 술 문화도 상당히 자유로워졌지만, 아직도 술 권하는 분위기는 적잖이 남아 있어서 술 약한 사람을 괴롭게 한다. 그런데 술을 강권하게 되면 문제는 술 먹고 토하는 데만 있지 않다. 암을 유발하는 유전자 변이가 있는데도 계속 술을 마시게 되면 식도암 및 두경부암 발병 위험도가 매우 높아지고, 술로 인한 질환이 늘어나는 가운데 심장병까지 걸릴 수 있다.

실제로 어떤 중소기업체 대표는 유전체 검사 결과 알코올 분해 효소 변이가 있어서 술을 지속하여 마시게 되면 발암 위험도가 매우 높았다. 그러나 회사 비즈니스 때문에 술을 계속 마실 수밖에 없는 사정이어서 의사의 경고를 무시하다가 식도암에 걸리고 말았다.

커피를 마시면 나타나는 증상도 사람마다 다 다르다. 어떤 사람은 커피를 물처럼 자주 마시는데도 잠자는 데 전혀 지장을 받지 않는가 하면, 어떤 사람은 오후에 커피를 한 잔만 마셔도 밤에 한숨도 못 잔다. 이렇게 사람마다 커피에 다르게 반응하는 것은 커피를 대사하는 CYP1A2 유전자 변이가 영향을 주기 때문이다. 간에서 1차 대사를 담당하는 CYP1A2에 변이가 있는 경우 커피의 대사가 느려지고 커피의 체내 농도가 높아져 카페인 효과가 더욱 커진다. CYP1A2에 변이가 있는 경우, 심하면 카페인 효과가 커져서 교감신경을 자극해

혈압이 올라가고 심근경색이 발생할 위험도가 높아진다.

흥미롭게도 커피는 유방암을 억제하는 효과가 있다고 한다. CYP1A2에 변이가 있는 경우 유방암의 발생 빈도가 줄어들었다는 연구가 보고되었다. 앞서 술의 예처럼 커피를 마시는 것도 사람마다 다르고 단순히 기호를 떠나 질병과도 연관되는 것이 흥미롭다.

음식과 영양소의 개인차도 이 유전자 변이에 기인한다. 물론 대사와 효소의 과정은 매우 복잡한 탓에 어떤 한 효소에 변이가 있어도 다른 길로 우회하면 문제가 해결되도록 우리 몸은 이중, 삼중으로 건강하게 만들어져 있다. 그러나 효소 중에는 비가역적이며 결정적 역할을 하는 효소들도 있다. 대표적인 것이 MTHFR과 FADS 효소다. MTHFR은 엽산의 대사와 관련된 효소로, 엽산을 분해해서 DNA의 구조가 되는 염기를 만들고, 후성유전학에서 중요한 메틸화를 결정한다. 이 효소 단백질에 유전적 변이가 있는 경우 호모시스테인이 증가하여 심혈관 질환 및 암, 치매, 신생아 기형 등의 위험도가 높아진다.

FADS 유전자는 지방산의 대사와 관련된 유전자로, 오메가3가 대사되는 과정에서 결정적인 효소다. 이 유전자에 변이가 있는 경우 중성지방이 증가하고 심근경색과 뇌졸중의 위험도가 높아진다. 한국인의 15퍼센트는 이 유전자 변이를 가졌는데, 오메가3의 섭취가 필수적이다.

개인 유전자 변이에 따른 활용에서 대표적인 것이 약물 유전체다. 약물은 대개 간에서 대사가 되고 신장 등으로 배출된다. 약물 대사에서 핵심 역할은 CytochromeP450 효소가 담당한다. 같은 병증에 같은 약물이라도 어떤 사람에겐 잘 듣지만, 어떤 사람에게는 별로 효과가 없고, 심지어 어떤 사람에게는 부작용이 나타난다. 이런 차이는 이 효소의 변이와 관련이 있다.

가령, 항응고제 와파린은 뇌졸중에 사용하는 약제로 피의 응고를 방지하지만, 어떤 사람에게는 민감하게 작용해 출혈을 일으켜 사망에 이르게도 한다. 와파린은 초회 투여 후 혈중 농도를 재면서 투여량을 결정할 만큼 민감하기 그지없는 약제인데, 약물 농도를 결정하는 개인의 차이는 VKORC1, CYP2C9 효소의 유전적 변이로 결정된다. 이 두 유전형의 조합에 따라 약물의 체내 농도는 사람마다 다를 수 있는데, 크게는 10배까지 차이가 난다.

이러한 개인의 신체 특성, 질병 민감도를 연구하고 발표한 예는 무수히 많다. 자신의 유전적 변이를 알고 나서 그에 따라 최적의 처방을 받고 싶은 것이 환자의 본능적 욕구다. 세계적인 생명공학기업들이 현대인의 이런 욕구에 부응하여 비즈니스 기회를 잡고자 적극적인 투자에 나서고 있다.

예측의료 시장을 선도하는 외국 기업들

의사를 거치지 않고 소비자에게 직접 유전체 분석 서비스를 한다는 DTC의 대표 주자는 23앤드미다. 구글 창업자 세르게이 브린의 전 부인 앤 워짓스키가 공동 창업한 23앤드미는 2007년 구글 벤처스의 투자를 받으며 개인 유전자 분석 서비스 업계 선도 기업으로 성장했다. 그해 타임의 '올해의 베스트 이노베이션'으로 선정되며 화려하게 데뷔했다. 23앤드미는 여러 악조건 속에서도 2017년 기준 누적 서비스 이용자가 200만 명에 달하고, 기업 가치는 1조 달러나 되는 등 놀라운 성장을 거듭했다. 특히 2018년에는 글로벌 제약회사 GSK(글락소스미스클라인)과 계약했는데, GSK는 3억 달러를 23앤드미에 투자하고 4년간 독점적으로 23앤드미의 유전체 데이터를 활용해 공동으로 신약을 개발한다는 내용이다.

샌디에이고에 본사를 둔 패스웨이지노믹스는 DTC 중심의 23앤드미와 달리 의사 처방 중심의 서비스를 시행한다. 5만여 개의 유전자 마커를 중심으로 서비스를 시행하며, 그중 심혈관, 암 질환 등에 대한 예측 서비스, 통증 및 정신과 약물 등 2,000여 개의 약물 유전체 서비스 등을 공급하고 있다. 또 모바일 앱 파노라마를 통해 유전자 서비스를 쉽게 이해할 수 있도록 돕고 있다. 특히 유전자 변이에 따른 개별맞춤 식단, 운동, 비타민 등을 권고하며 비만, 식탐 유전자 등을 분석하고 대사증후군을 예측하는 서비스 '패스핏'을 통해 맞춤형 건강 생활을 제시하고 있다.

미국의 〈MIT 테크놀로지〉는 해마다 세계 50대 유망 기업을 선정하는데, 2017년에는 스위스 유전체 분석 스타트업 소피아제네틱스를 30위에 올렸다. 유전체 분석 전문 기업 소피아제네틱스는 정보통신기술을 활용해 의료기록과 유전체 데이터를 통합하고 인공지능을 활용해 신속하게 분석함으로써 의료진에게 환자 개개인의 정확한 질병 진단과 효과적인 치료에 필요한 맞춤형 정보를 제공한다. 소피

아는 유전체 분석 서비스를 위해 인공지능 기반의 알고리즘을 제공하고, 의료기관의 임상데이터와 유전자 변형을 정확하게 분석하고 탐지해 의료진이 환자를 진단하고 치료하는 데 활용할 수 있도록 한다. 이미 유럽을 중심으로 50여 개국 350여 병원의 진단검사과, 병리과, 종양학과 등에서 소피아가 개발한 유전체 해석 솔루션을 도입해 월평균 약 1만 개의 생식세포와 체세포 샘플을 분석하고 있다.

분자진단 기업 미리어드제네틱스는 예측의료, 맞춤형 의료를 서비스하고 있다. 자회사 미리어드RBM을 통해 생물지표 발견 관련 진단 서비스를 제약업체, 생명공학, 의학연구 산업에 제공한다. 배우 안젤리나 졸리의 유방 절제 수술을 계기로 널리 알려진 브라카 유전자에 대한 특허를 보유하고, 해당 유전자 검사 분야에서 독점적 지위를 유지했다.

베이징게놈연구소는 1999년 인간게놈프로젝트 컨소시엄에 참여하기 위해 중국 정부가 신발 공장을 개조해 만든 비영리 연구조직이다. 당시 유전체 해독의 1퍼센트를 맡았는데, 인간게놈프로젝트 종료 후 2007년에 BGI-심천을 설립하여 유전체 사업을 시작했다. 2010년에는 중국개발은행으로부터 15억 달러를 투자받았다. BGI는 현재 전 세계 유전체 분석 시장의 20퍼센트를 점유함으로써 그 분야 세계 1위 기업의 명성을 누리고 있다. 2016년에는 〈네이처〉가 중국 과학, 특히 BGI를 중심으로 한 오믹스 연구의 놀라운 성장에 대해 다뤘다. 개별맞춤 진단과 치료를 목적으로 하는 중국 정부의 15년 정밀의학 계획이 완성되면 미국의 정밀의학과 주도권을 다툴 것으로 보인다. BGI 외에도 중국에는 글로벌 제약회사 암젠과 알리바바가 대규모로 투자한 우시 넥스트코드, BGI의 CEO를 지낸 준 왕이 설립한 아이카본엑스 등이 헬스케어 시장의 공룡으로 급속하게 성장하고 있다.

우리나라 유전체 기업들의 악전고투

우리나라 헬스케어 산업은 선진 외국에 비하면 기술 개발과 비즈니스 성장이 현저히 더딘 편이다. 그런 가장 큰 이유 중의 하나는 의료법, 생명윤리법, 개인정보보호법 등과 같은 법률에 따른 규제로 꼽힌다.

가령, 2007년 대통령령으로 14개 항목과 관련된 22개 유전자는 검사가 금지되었고, 5개 항목과 관련된 22개 유전자는 처방이 엄격히 제한되었다. 세계적으로 가장 많이 연구됐을 뿐 아니라 널리 상용화된 이들 유전자 검사가 우리나라에서는 금지되거나 제한된 이유는 남용 또는 과잉 사용되었다는 것이다.

그런데 의료와 산업 환경이 크게 바뀐 10년이 지나도록 이들 유전자 검사에 대한 규제는 풀리지 않고 있으며, 또 회사마다 사용 가능한 유전자 서비스도 사전에 일일이 질병관리청의 허가를 받아야 하는데, 그 처리 과정이 너무 더디고 범위도 제한되어 있어 유전체 분석 서비스 발전을 제약하고 있다. 이런 악조건에서도 우리 기업들은 비교적 규제가 자유로운 연구 분야나 해외 시장에서 선전하고 있다.

1997년 창업한 마크로젠은 국내뿐 아니라 미국, 일본, 유럽 등지에 지사를 두고 글로벌 5위 수준의 유전체 분석 장비와 바이오 인포매틱스 기술을 보유할 정도로 성장했다. 이 기업은 전 세계 150여 개국 2만여 고객을 대상으로 한 유전자 분석 서비스 경험과 빅데이터를 기반으로 개인 유전체 정보 분석은 물론 최적의 치료법을 제시하는 개별맞춤 의료 사업을 추진 중이다.

세계에서 다섯 번째로 인간 게놈지도를 분석해낸 테라젠이텍스는 2013년에 세계 최초로 위암 유전자를 규명했다. 2014년에는 세계 최초로 밍크고래 게놈지도를 완성해 〈네이처〉 표지를 장식하는 등 기술력을 인정받았다. 이 기업은 전장유전체, 전사체, 후성유전체 등을 해독하는 연구 용역 서비스를 제공하고 있으며, 질병의 민감성, 신체적 특성, 약물에 대한 반응 등 개인 맞춤 유전정보 서비스 '헬로진'을 650여 의료기관에 제공하고 있다. 또 개인의 전장유전체를 분석한 데이터를 생산하고 저장 및 활용하는 '진뱅킹' 서비스도 도입했다. 아울러 맞춤형 면역 항암제를 목표로 일본에 CPM를 세우고, 자회사 게놈케어를 통해서는 비침습적 태아 기형검사 서비스 및 착상전 유전자 돌연변이 검사 서비스를, 그리고 자회사 메드펙토에서는 유전자 기반의 항암치료 신약을 개발하고 있다.

임상병리 수탁기관 이원의료재단과 미국의 유전체 기업 다이애그노믹스가 합작 투자한 EDGC(이원다이애그노믹스)는 소비자 대상 게놈 관련 상품을 다양하게 판매하는 기업이다. 산전유전자 검사인 비침습적 산전검사 분야에서 국내 1위 기업인 EDGC는 질병 예측 서비스, 유전성 암 진단, 신생아 유전자 검사 등에서 다양한 게놈 관련 상품을 소개하고 있으며, '마이지놈박스' 플랫폼을 통해 다양한 유전체 앱을 소비자에게 소개하고 있다. 또 EDGC는 혈액을 통한 암 진단 플랫폼인 액체 생검의 상용화에 나서고 있다.

이 밖에도 한국인 칩 과제 등 연구 중심의 실적을 꾸준히 내며 성장해온 DNA링크, 맞춤형 유전체 검진 시장에서 활약하고 있는 메드젠휴먼케어, 희귀성 유전질환 서비스를 시행하는 쓰리빌리언, 삼성바이오연구소가 투자한 지니너스, 울산과기대의 클리노믹스, 유전체 결과를 앱을 통해 잘 알려주는 제노플랜 등이 우리나라 헬스케어 산업을 이끌 유망한 기업으로 꼽히고 있다.

5

미래 의료산업을 이끄는
빅데이터

    지금도 이미 변화가 시작되었지만, 앞으로는 더욱 빠른 속도로 정밀의료와 빅데이터 그리고 인공지능이 의료와 산업의 패러다임을 바꿔놓을 것이다.

    그런 가운데 의과대학이나 의료기관마다 정밀의학센터, 빅데이터센터 같은 미래 의료에 대비한 연구시설을 앞다투어 설립하고 있고, 관련 학회의 관심사도 그쪽으로 쏠리는 추세에 있다.

    그러나 아직도 상당수의 의료진은 이런 급격한 변화가 낯설고 두렵다. 홍수처럼 쏟아지는 정보를 감당하기도 벅차지만, 머잖아 인공지능이 의사의 역할을 대신하게 되어 인간 의사는 사라질지 모른다는 두려움을 갖게 된 것이다.

    앞서 얘기한 대로 유전체 정보를 이용해서 질병을 예방, 예측, 치료하는 것을 개별맞춤 의료라고 하는데, 정밀의료는 거기서 한 걸음 더 나아간 것이다. 유전체 정보를 포함해 단백질체, 전사체, 대사체 등 인체에서 얻은 정보를 바탕으로 질병의 진단과 치료에 더욱 정확하게 접근하는 포괄적 개념인 정밀의료는 개인의 유전, 환경, 임상 정보를 총망라하여 가장 적절한 시간에, 가장 적절한 대상에, 가장 적절한 치료를 하는 것이다.

데이터 확보 및 관리

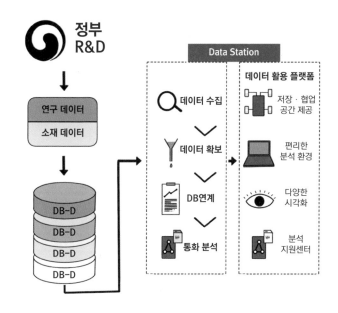

정밀의료는 게놈 데이터 중심의 개별맞춤 의료 데이터를 포함하여 더 많은 생체 유래 정보를 이용한다. 즉, 개별맞춤 진단 및 치료를

하기 위해서 그동안 다루지 못했던 엄청난 규모의 임상자료, 유전체 자료 등의 빅데이터를 분석해 다시 개별에 적용하는 등의 교차점에 정밀의료가 있다. 이런 생체 유래 정보 중 다양한 방식의 유전체 정보가 토탈오믹스인데, 여기에는 전장유전체, 엑손 또는 타겟 시퀀싱 유전체, 전사체, 후성유전체, 단백질체, 대사체 등의 다양한 유전체 정보가 있다.

WGS(전장 염기서열) 분석법은 그야말로 1번 염색체부터 23번 성염색체까지 전체 염기서열을 읽어 분석하는 방법이다. 같은 리드를 30번 읽는 방식을 통해서 전체 염기를 99.9퍼센트를 커버하는데, 이 경우 1인당 120Gb(기가바이트)의 데이터를 생산한다. 각국 기업들이 WGS 분석 플랫폼 서비스 이용 비용 낮추기 경쟁에 들어간 가운데 장차 어떤 기업들이 살아남아 시장의 생태계를 좌우할지 주목된다.

앞으로 WGS 분석 시간은 점점 더 빨라지고 서비스 비용은 점점 더 낮아지겠지만, 아직은 비용이 많이 드는 편이다. 그래서 연구자들은 단백질로 전사되는 엑손 부위만 배열하는 엑손 서열을 선호한다. 엑손 부위에 해당하는 염기서열은 전체 30억 개 중 4,500만 개쯤이고, 해당하는 염기를 99.9퍼센트 커버하기 위해 같은 리드를 100번 이상 읽는 방식으로 개인당 약 8Gb의 데이터를 생산한다.

타깃 배열은 그야말로 보고 싶은 부위를 집중적으로 배열하는 방식으로, 주로 임상에서 많이 사용한다. 유전자의 구조적 변이를 분석하는 DNA의 유전체학 연구보다는 유전자의 기능, 특히 발현을 분석하는 RNA 연구를 통해 기초과학 연구뿐 아니라 의료 연구를 비롯한 신약 개발 등 많은 연구가 가능하다. 그리고 발현된 전사체가 속해 있는 유전자의 기능이 다양하므로 추가적인 경로 분석을 통해 유전자 기능을 분류해 주는 후속 분석을 한다.

후성유전학은 타고난 유전변이가 아닌, 음식이나 스트레스 등 후천적인 환경 영향에 의해 야기돼 유전자의 발현에 영향을 주는 DNA의 기능 이상을 살피는 학문이다. 염기 중 하나인 사이토신의 다섯 번째 탄소에 메틸기가 붙는 현상, 즉 DNA 메틸화가 대표적인 현상으로 전장유전체의 DNA 메틸화를 분석하는 것을 후성유전체라고 한다.

그 밖에 단백질체 및 대사체 등도 인체 유래물에서 얻을 수 있는 생체 정보, 즉 토탈오믹스의 주요 정보다. 근래에는 수조 개에 달하는 장내 미생물 정보까지 인체 유래물의 토탈오믹스에 포함시킨다.

이런 정보는 모두 질병 발생, 발현 정도, 질병의 예측 및 예후 등과 연관되어 있다. 그래서 대규모 오믹스 정보를 확보하고 임상 정보와 연관해 활용하는 것이 빅데이터 정책의 큰 흐름이며, 주요 유전체 관련 기업들의 목표다.

날로 치열해지는 정밀의료 시장의 주도권 다툼

2015년, 미국은 대통령이 백악관 연두교서에서 직접 발표할 만큼 정밀의료 분야에 큰 관심을 기울이고 투자에 적극적으로 나섰다, 오바마 대통령은 미국이 2억1,500만 달러를 투자해 정밀의료를 주도할 것임을 공표하면서 이렇게 말했다.

"나는 소아마비를 없애고 인간유전체 프로젝트를 수행한 미국이 의료의 새로운 미래를 열어야 한다고 생각한다. 그리고 적절한 시간에 적절한 치료법을 제공하는 것이 필요하다."

당시 백악관 공보관이 "현재 대부분의 치료는 평균 환자들을 위해 설계되었다. 그러나 일부 환자의 성공적인 치료가 다른 사람에게도 동일하게 적용되지는 않는다. 정밀의료는 각각에 맞는 치료법을 제시해 줄 것"이라고 한 것은 미국이 헬스케어 4.0 시대를 선도하겠다는 의지의 표현이었다.

이 계획은 100만 명 이상이 자발적으로 참여하는 대규모 코호트를 구축해 개개인의 유전체, 임상 진료, 생활환경 및 습관, 직업 등의 데이터를 바탕으로 질병과 그 원인 및 치료법을 발굴하고, 새로운 약제 개발의 기반을 마련하는 '정밀의료 사전'을 만드는 것을 목표로 한다. 이 프로젝트 진행의 대부분을 국립보건원과 식품의약국에서 총괄하며, 기존에 이뤄지고 있던 연구 활동을 통해 얻은 환자들의 유전체 데이터를 활용할 계획이다.

정밀의료 주도권 프로그램의 단기 목표는 게놈 정보를 이용해 더 많은 암에 대해 예방하고 치료할 수 있도록 암 유전체학의 성과를 높이는 것이다. 정밀의료 주도권 프로그램의 장기 목표는 개별맞춤의료에 필요한 빅데이터 플랫폼을 구축하는 것이다. 당시 미국 정부는 중요한 과학 및 의료에 대한 새로운 접근 방식을 개발하기 위해 재능과 기술을 보유한 과학자들의 전국 네트워크 구축도 지원할 계획이라고 밝혔다. 게다가 미국인 1만 명 이상의 국가 코호트 연구를 통해 건강과 질병의 이해도를 높인다는 것이다. 이 밖에도 미국은 NHGRI(국립인간유전체연구소) 및 JGI(협력유전체연구소)를 중심으로 264개소의 유전체센터를 운영해 질병의 치료와 진단을 위한 실용적 연구를 추진하고 있다.

이렇게 미국이 적극적으로 나서자 다른 나라들도 헬스케어 4.0 시대를 열기 위해 앞다투어 나서고 있다.

중국은 2030년까지 15년간 100억 달러에 이르는 예산을 정밀의료 수립에 투자하는 '정준의료계획' 정책안을 발표했다. 미국 정밀의료 프로젝트의 40배나 되는 규모다. 〈네이처〉를 통해 알려진 중국 정밀의료 프로젝트의 핵심 인력에 따르면, 이 계획은 유전체를 분석하고 임상 자료를 모으기 위한 수백 개의 프로젝트로 구성되어 있으며, 프로젝트마다 많게는 2,000만 달러에 이르는 자금 지원이 따를 것으로 보인다.

또 이 계획을 이끌 것으로 보이는 정부 및 대학의 연구기관들은 정밀의학센터 설립을 서두르고 있으며, 관련 임상을 맡을 병원은 미국이 계획하고 있는 정밀의료 구상과 맞먹는 100만 명의 유전체 분석을 자체 계획하고 있다.

미국이나 우리나라 같은 시장경제 체제에서는 의료기관이 저마다 개별적으로 의료자원을 관리하고 서비스하고 있어서 통합이 쉽지 않은 데 비해 중국은 의료자원이 중앙정부의 통제 내에 있고 특정 병원에 특정 질환을 담당하는 정책을 사용하고 있어서 통합이 쉬운 구조다. 암 분야만 보더라도 중국은 자국 내 최고 수준의 300여 개 병원에 70퍼센트의 환자가 집결돼 있어 정밀의료 데이터 공유 면에서는 유리한 환경이다. 베이징게놈연구소, 우시 넥스트코드, 아이카본엑스, 노보젠 등 이미 규모 면이나 경험과 실력 면에서 세계적인 중국 기업들이 긴밀하게 협력한다면 정밀의료 분야에서 머잖아 미국을 따라잡을 것으로 보인다.

그렇다면 유럽은 어떨까.

영국은 유전체와 임상 데이터를 연계해 암과 희귀질환에 관한 정밀의료 연구를 위해 1억3,000만 달러를 투자해 지노믹스잉글랜드를 설립했다. 그리고 2017년까지 국민보건서비스에 등록된 환자 10만 명의 30억 개 전장유전체를 분석하는 유전체 프로젝트에 4억 달러를 투자하고, 암과 희귀 유전 질환과 관련된 혈액 및 조직 샘플을 채취해 유전체 분석을 통한 정보를 구축하는 데 나섰다. 이를 기반으로 개별맞춤 헬스케어 구상 프레임워크 보고서를 발표하고, 정밀의료에 대한 투자를 점점 더 확대하고 있다.

영국 외에도 이미 유럽은 오래전부터 대규모 유전체 코호트를 구축해왔는데, 아이슬란드가 대표적이다. 인간게놈프로젝트 초안이 발표되기 전인 1996년 무렵, 아이슬란드의 벤처기업 디코드 제네틱스가 미국 자본의 투자를 받아 설립되었다. 그런데 마침 아이슬란드는 일찍이 북유럽으로부터의 이주민으로 시작된 국가이면서, 지리적인 고립으로 인해 유전적 변이가 적어 유전적 모델로 적합한 인구 집단이다. 게다가 아이슬란드는 이주 이후로 가족에 대한 정보를 기록하고 후세에게 물려주는 등 가족력에 대한 풍부한 정보를 보유하고 있다. 이에 디코드 제네틱스는 34만 명에 이르는 전 국민을 대상으로 유전체 분석에 나섰다. 디코드 제네틱스는 아이슬란드의 풍부한 가족력 정보와 유전적으로 균일한 인구 집단이라는 장점을 이용해 유전체를 연구하는 것이 질병이나 형질에 대한 유전적 기여도를 찾는 데 유리하다고 판단한 것이다. 결국 중국의 우시 넥스트코드에 인수합병된 디코드 제네틱스는 아이슬란드인 2,500명 이상의 WGS 데이터와 40만 명 이상의 바이오칩 데이터를 보유하고 있다. 바이오 의료산업에서의 중국의 굴기가 심상치 않다.

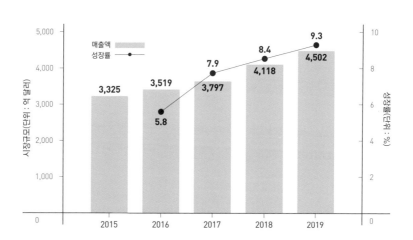

국내 바이오산업 시장 현황

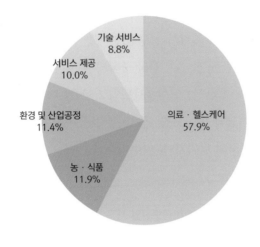

글로벌 바이오산업 분야별 현황

- 기술 서비스 8.8%
- 서비스 제공 10.0%
- 환경 및 산업공정 11.4%
- 농 · 식품 11.9%
- 의료 · 헬스케어 57.9%

우리의 유전체 코호트 및 빅데이터 정책

우리 정부도 세계 각국 정부가 추진하는 유전체 기반의 빅데이터 구축 흐름을 인지하고 발 빠르게 대처해왔다.

대표적인 유전자 코호트 구축이 질병관리청의 한국인 칩 과제다. 질병관리청에서 2011년부터 2012년 사이에 수행한 학술연구용역사업을 통해 생산한 한국인 수백 명의 염기서열 정보와 6만 샘플 이상의 기존 보유 유전변이 칩 정보, 유전변이 칩 분석을 통해 확보한 다수의 복합질환 연관 유전변이 정보의 활용이 가능해졌다. 동양인과 한국인에서 나타나는 공통 유전변이 정보를 충분히 확보한 것이다.

염기서열 정보와 한국인 염기서열 분석에서 발굴된 유전변이 정보를 활용함으로써 한국인 특이 유전체 칩(한국인 칩)이 이미 제작되었다. 국제 유전체 연구 방향을 고려해 국가 유전체 사업의 하나로 한국인 만성질환 예측과 예방을 위한 대규모 인구 집단 유전체 연구 기반을 구축하기 위해 한국인 맞춤형 유전체 칩을 제작하고, 한국인 유전체 정보를 생산하고 있다.

우리 정부는 2018년까지 20만 명 이상의 한국인 칩 기반의 유전체 코호트를 구축했는데, 칩 기반의 코호트로는 영국의 50만 명 바이오뱅크에 이어 두 번째로 큰 규모다.

다른 대표적인 유전체 코호트로는 안성, 안산 지역회사 유전체 코호트가 있다. 이는 2,000명 이상을 대상으로 10년 이상 추적 중인 대규모 코호트다. 여기에서 생성된 유전체 정보를 이용해 이미 2009년에 혈압 등 7개 표현 형질에 대한 GWAS 결과를 보고했다. 이를 시작으로, 일본, 중국, 타이완 등 아시아 국가들이 모여 AGEN(아시아 유전체 역학 네트워크)을 구성하고, 혈압, 당뇨, 대사증후군, 비만, 신장기능 관련 형질 유전 인자를 발표했다. 이 코호트는 누구든지 이용할 수 있도록 데이터베이스를 공개하고 있다. 그 외 도시 코호트(17만3,000명), 쌍둥이 코호트, 국내 이주자 코호트 등의 유전체 기반 코호트가 있다.

하지만 미국과 중국 정부가 전장유전체 기반의 대규모 연구와 빅데이터 구축에 수억 달러를 쏟아붓고 있는 것에 비해 우리 정부의 투자는 아직은 미미한 수준이다. 우리나라 보건의료의 가장 매력적인 경쟁력 중 하나가 건강보험공단이 보유하고 있는 거의 모든 국민의 건강검진 데이터다. 2년마다 축적된 국민건강영양조사 등의 공동 데이터인데, 아직 이 데이터베이스와 유전체 정보의 결합이 없는 상태다. 또 우리나라 의료의 가장 큰 특징 중 하나가 전 세계에 유례없는 종합검진 시장이다. CT를 포함해 혈액 검사와 내시경 검사 정보 등 데이터가 규모나 질 면에서 세계 최고 품질의 다양한 데이터로 구성돼 있다. 최근에는 검진센터들도 유전체 정보를 모으고 있다. 그러나 병원마다 데이터 표준이 다르고 전산 통합이 안 돼 있어, 이들 자료를 통합하고 유전체 데이터와 연결하는 과제가 남아 있다.

각자의 유전체를 알게 되면 일어나는 일

개인이 자신의 유전체 정보를 보유하여 자유롭게 활용하는 시대가 오면 어떤 일이 벌어질까? 1,000만 개의 변이 속에는 매우 드물긴 하지만 강력한 영향력을 가지는 다수 돌연변이가 포함된다. 누구에게는 유방암에 걸릴 확률이 70퍼센트 이상이라는 사실을 브라카 변이를 통해 알려줄 수 있고, 누구에게는 희귀질환 보인자 여부를 알려줄 수 있다.

유전성 암이나 희귀질환은 미치는 영향력은 크지만 비교적 드문 유전변이다. 흔하면서 비교적 약한 영향력을 가지는 만성질환이나 암 질환 등에 대해서는, 더 많은 유전자 변이들이 예측 모형을 만들어내고 생활습관까지 같이 계산되어야 특정 질환에 대한 개별적인 질병 감수성을 말해줄 수 있다. 이런 자료를 기초로 각자에게 맞는 검진 및 개별맞춤 헬스케어가 처방될 것이다.

누군가에게는 특정 약물의 대사가 너무 느려서 그 약이 독이 될 수 있음을 경고할 수도 있다. 곧 다가올 미래의 어느 시점에서는 새로운 약을 처방하려면 모바일 앱을 통해 자신의 유전형이 그 약물과 맞는지부터 검색하게 될 것이다. 특정 음식의 특이 체질적 알레르기를 미리 알고 피할 수 있게 되고, 자신에게 맞는 음료를 찾아서 마실 수 있다. 당연히 맞춤형 영양제, 맞춤형 화장품, 맞춤형 헬스케어 및 식단 관리 등의 산업이 발달할 것이다.

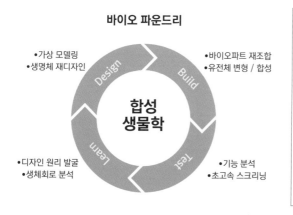

활용 : 바이오 제조

바이오 파운드리

바이오 제조

RED BIO
유전자 치료, 단백질 백신,
생체진단

WHITE BIO
효소 / 바이오화학
하수 / 폐가스 재활용
바이오 연료

GREEN BIO
발효 / 식용첨가제
기능성 식품
사료 / 비료 / 종자

합성
생물학

Design
Build
Test
Learn

•가상 모델링
•생명체 재디자인

•바이오파트 재조합
•유전체 변형 / 합성

•디자인 원리 발굴
•생체회로 분석

•기능 분석
•초고속 스크리닝

6

개인 유전자 검사로
질병 예측

개인이 각자의 유전자 정보를 갖게 되면 그 파급 효과는 상상을 초월할 것이다. 각자의 DNA에는 미래에 걸릴지도 모를 질병에 대한 정보, 신체 특성, 먼 옛날의 조상으로부터 대대로 물려받아온 유전정보가 고스란히 들어 있기 때문이다.

구글의 공동 창업자 세르게이 브린은 IT 업계의 유명인이지만, 그의 전 부인 앤 워짓스키도 디지털 헬스케어 업계에서는 브린 못지않게 유명한 인물이다. 예일대학교에서 생물학을 전공하고 10여 년간 월스트리트에서 헬스케어와 바이오 산업 투자 업무를 담당해온 워짓스키가 실리콘밸리로 돌아와 공동 창업한 유전정보 분석 벤처기업 23앤드미는 헬스케어 분야에서 선도적인 행보를 이어가고 있다.

앞에서도 소개했지만, 23앤드미는 개별 고객을 대상으로(의사를 통하지 않고) 직접 유전정보 분석 서비스를 제공한다(참고로, 우리나라에서는 DTC유전자 검사를 제외한 다른 유전자 정보 검사 분석을 의사를 통하지 않고 유전 정보를 검사하여 서비스하는 것은 법으로 금지하고 있다). 이 회사는 고객이 인터넷으로 유전정보 분석 서비스를 주문하면 분석키트를 택배로 보낸다. 고객은 자신의 타액을 담은 키트를 다시 택배로 보내면, 6~8주 후에는 자신의 유전정보에 대한 상세한 분석 결과를 받아볼 수 있다. 개별 고객에게 120여 개의 주요 질병에 대한 발병 확률, 50여 개 유전 질병에 대한 유전인자의 보유 현황, 20여 개 약물에 대한 민감도, 그리고 60여 개의 유전적 특징들에 대하여 분석한 결과를 서비스받는 비용이 100달러 미만이다.

어머니가 파킨슨병을 앓고 있던 브린은 23앤드미의 분석 서비스를 통해 자신 역시 이 병의 발병 확률이 높다는 것을 알게 되자 파킨슨병 연구를 위해 5,000만 달러를 23앤드미에 기부했다.

일찍이 젊은이들 사이에 MBTI(성격유형검사)가 인기를 끌어왔다. 그런데 MBTI 형식을 빌린 '유전 MBTI'가 인기를 끌고 있다. 유전자 검사를 사주풀이처럼 흥미롭게 하는 것이다. 이는 5년 뒤인 2027년이면 5,100억 달러에 이를 헬스케어 시장의 전주곡이다. IT와 의료가 만나면 과연 어떤 일이 벌어질까?

그런 유전 MBTI를 통한 유전자 검사 결과는 우리 몸의 상태와 반응에 밀접한 관련성을 보인다. '모태 다이어터'는 운동을 조금만 해도 살이 쉽게 빠진다는 의미고, '타고난 술고래'는 알코올 분해력이 높다는 뜻이다. 단거리 질주 능력이 좋으면 '스프린터'라는 결과가 나온다. 복잡한 의학 용어를 이처럼 알기 쉽게 설명해 MZ세대에서 인기가 높다.

이런 서비스를 처음 선보인 금융 플랫폼 뱅크샐러드는 유전적으로 타고난 형질은 무엇인지, 유전적으로 취약해 주의해야 할 부분은 무엇인지, 어떤 영양소가 부족할 수 있는지 등 다양한 건강 정보를 제공한다. 금융 플랫폼과 건강 정보는 다소 생뚱맞아 보이는 조합이지만 최근 다양한 IT 기업들이 새로운 비즈니스 모델로 삼고 있는 분야이기도 하다.

뱅크샐러드는 지난해 유전자 분석업체 마크로젠과 손잡고 DTC 유전자 검사 서비스를 무료로 선보이고 있다. 영양소와 운동, 피부, 식습관, 개인 특성, 건강 관리 등 6개 카테고리별로 원형탈모와 아토피 피부염, 혈당, 혈압, 비만 등 65개 항목을 보여준다.

검사 방법은 간단하다. 뱅크샐러드 앱을 통해 유전자 검사를 신청하면 포장된 검사키트가 집으로 배달된다. 신청자가 직접 타액을 채취한 후 키트를 돌려보내면 되는데, 앱을 통해 키트 반송 접수를 하면 택배회사가 회수해간다. 검사 결과는 2~3주 뒤 뱅크샐러드 앱을 통해 확인할 수 있다.

뱅크샐러드가 제공하는 유전자 검사 서비스가 MZ세대에서 인기를 끄는 이유는 검사 결과를 사주풀이처럼 유쾌하게 풀어내기 때문이다. 어렵고 복잡한 의학용어 대신 알기 쉬운 설명과 함께 이미지를 덧붙여 직관적으로 이해할 수 있도록 하는 것이다. 기업으로서는 유전자 분석을 무료로 서비스하는 대신 데이터를 모으고 기업을 홍보하는 효과를 본다.

그런데 이 서비스를 받으려면 평균 30대 1의 높은 경쟁률을 뚫어야 한다. 서비스 개시 이후 단기간에 검사자 수가 5만 명을 넘어섰으며,

대기 인원이 1만5,000명에 이를 정도로 폭발적인 인기를 누리고 있다.

이 서비스의 이용자는 2030세대가 대세를 이룬다. 유전자 검사를 무료로 할 수 있는 데다가 MBTI나 사주풀이처럼 나도 모르는 내 이야기를 들여다볼 수 있어서 인기가 높다.

이 밖에도 뱅크샐러드는 건강 탭의 '습관' 서비스를 통해 유전자 결과에 맞는 습관을 설정하고, 매일 확인시킨다. 이용자가 단순히 유전자 검사 서비스 이용에 그치지 않고, 지속하여 앱을 활용하도록 하는 전략이다.

이 회사는 최근 들어 '내 위험 질병 찾기' 서비스도 출시했다. 뇌졸중이나 당뇨, 심장병, 치매, 위암, 대장암, 간암, 전립선암, 유방암 등 10가지 질병의 통계적 발병 확률을 예측하는 서비스다. 각종 질환별 증상과 함께 합병증이나 평균 의료비, 건강나이, 또래 비교 등 질병 관리에 대한 다양한 정보를 제공한다.

뱅크샐러드가 이런 서비스를 무료로 제공하는 이유는 디지털 헬스케어 시장 때문이다. 디지털 헬스케어는 ICT와 헬스케어를 융합한 개념으로, 개별맞춤 건강관리 의료 서비스를 뜻한다. 2020년에 1,500억 달러를 넘긴 이 시장은 연평균 20퍼센트씩 성장해 빠르면 2025년, 늦어도 2027년이면 510억 달러에 이를 것으로 전망된다.

고객 직접 의뢰 방식 유전자 검사 허용 권고 항목(보건복지부)

분류	DTC 유전자 검사 허용 권고 항목
영양소	비타민 C 농도, 비타민 D 농도, 코엔자임 Q10 농도, 마그네슘 농도, 아연 농도, 철 저장 및 농도, 칼륨 농도, 칼슘 농도, 아르기닌 농도, 지방산 농도
운동	근력 운동 적합성, 유산소 운동 적합성, 지구력 운동 적합성, 근육 발달 능력, 단거리 질주 능력, 발목 부상 위험도, 악력 운동 후 회복 능력
피부·모발	기미·주근깨, 색소 침착, 여드름 발생, 피부 노화, 피부염증, 태양 노출 후 태닝 반응, 튼살·각질, 남성형 탈모, 모발 굵기, 새치, 원형 탈모
식습관	식욕, 포만감, 단맛 민감도, 쓴맛 민감도, 짠맛 민감도
개인 특성	알코올 대사, 알코올 의존성, 알코올 홍조, 와인 선호도, 니코틴 대사, 니코틴 의존성, 카페인 대사, 카페인 의존성, 불면증, 수면습관·시간, 아침형·저녁형 인간, 통증 민감성
건강관리	퇴행성 관절염증, 감수성, 멀미, 비만, 요산치, 중성지방 농도, 체지방율, 체질량지수, 콜레스테롤, 혈당, 혈압
혈통	조상 찾기

기존 허용 항목(빨간색)

3장

생명공학의 발달과 DNA 헬스케어

DNA 연구가 생명공학으로까지 발전하면서, 의료의 미래는 DNA와 불가분의 관계가 되었다. 이전까지의 의료가 외적 증상과 치유에만 몰두했다면, 이제 DNA 생명공학은 질병의 근원을 파헤쳐 그 뿌리부터 문제를 교정하는 새로운 형태의 의료를 선보였다.

DNA로 여는
의료 혁신의 미래

신종 생명체의 탄생

슈퍼 옥수수, 슈퍼 돼지, 복제 양 돌리, 포메이토….

생명공학 붐이 일 무렵에 함께 언급된 새로운 이름들이다. 그런데 이 새로운 이름을 가진 생명체들에게는 한 가지 공통점이 있다. 유전자 조작 실험의 결과물이라는 점이다. 이 결과물들은 인류의 유전자 과학이 어느 수준까지 도달했는지 잘 보여주는 증거다.

유전자의 구조와 기능이 밝혀지기까지는 150여 년이 걸렸다. 베일에 싸여 있던 비밀이 하나씩 밝혀지면서 유전자에 관한 관심과 연구 열기가 더욱 뜨겁게 달아올랐다. 그리하여 탄생한 놀라운 연구가 바로 위에서 말한 슈퍼 옥수수, 포메이토와 같은 유전자 재조합 연구다.

유전자 재조합이란 말 그대로 자연 상태의 DNA 대신 인공적으로 합성한 유전자를 이식하거나 서로 다른 종의 세포들을 결합해 새로운 생명체를 만들어내는 것이다. 널리 알려진 사례가 바로 슈퍼 옥수수 같은 작물이다.

포메이토: 뿌리는 감자지만 줄기에서는 토마토가 열리는 유전자 재조합 작물

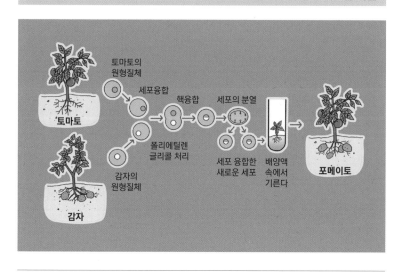

슈퍼 옥수수의 유전자 재조합 과정

이런 작물이 만들어지게 된 데에는 그만한 배경이 있다. 옥수수와 토마토, 그 외의 작물들은 역사 이래 인류의 주요 식량이었다. 하지만 이 작물들은 병충해에 약한 단점을 가지고 있었다. 특히 농업이 대규모로 집약되면서부터는 이 같은 병충해가 한 번 발병하면 막대한 손해를 보았으므로 대량의 살충제와 제초제를 사용하는 농법이 사용되었다.

하지만 대량 살충제와 제초제 살포 역시 여러 문제점을 낳았다. 여기에 사용되는 비용과 인력은 물론이거니와 과도한 화학 살충제와 제초제 사용이 인체에 유독하다는 연구 결과가 속속 등장했기 때문이다.

이 무렵 슈퍼 옥수수는 살충제와는 비교할 수 없는 획기적인 방법으로 병충해로부터 자유를 얻었다. 옥수수에 해충과 제초를 방지하는 유전자를 이식해서 옥수수 스스로 해충과 제초제에 대해 저항성을 갖게 된 것이다. 이 해충 저항성 옥수수를 만들어낸 과정은 다음과 같다.

- 바실러스균의 DNA에서 곤충을 죽이는 독소 Bt 유전자를 추출한다.
- 이것을 옥수수의 DNA에 끼워넣는다.
- Bt 유전자가 옥수수 핵에 잘 전달될 수 있도록 DNA 전용 가위로 잘 잘라내서 DNA 전용 풀로 접착한다.
- 효소 형태의 운반체를 삽입한다.

현재 이런 유전자 조작 슈퍼 옥수수는 미국, 남아프리카에서 대규모로 재배되었고, 스페인, 체코, 포르투갈, 독일에서도 제한된 양으로 재배되었다. 그뿐 아니라 우리나라에도 경북대 연구팀이 개발한 사료용 슈퍼 옥수수가 있다. 이 사료용 옥수수 신품종은 완전 무농

약 안전 재배가 가능하고 어떤 토양에서도 적응력이 뛰어나서 국내 축산 농가의 사료비 부담을 30퍼센트 이상 절감시키는 등 축산농가에 큰 힘이 되고 있다.

생명공학, 어떻게 의료에 접목되었을까

어떤 약을 써도 나을 수 없는 병을 유전자로 치료하고 예방한다고 하면, 예전에는 '설마 그런 일이 있겠느냐'며 고개를 저었지만, 이제는 당연한 일로 받아들이게 되었다. 이제 인류는 미세한 DNA를 자르고 이어 붙여 원하는 특성을 창조할 수 있는 기술을 갖추게 된 것이다. 이 기술은 농업에서 시작되었지만, 이제 전 분야로 확장되어 사용할 수 있게 되었다. 특히 의료 분야에서는 괄목할 성장과 비즈니스 기반을 이루었다. 인간은 저마다 고유의 DNA를 가지고 있고, 이 DNA를 적절히 재배열하면 질병을 예방하거나 치료할 수 있다. 이것이 바로 유전자 치료다. 그러니까 DNA를 재조합하는 방법을 통해 새로운 유전자를 환자의 세포 안에 주입하여 유전자의 결함을 교정한다. 또 세포에 새로운 기능을 추가하여 인체 세포의 유전적 변형을 통해 암, 감염성 질병, 자가면역질환 등을 예방하거나 치료하는 것이다.

지난 20여 년간 눈부시게 발전한 세포생물학과 분자생물학 덕분에 이런 유전자 치료가 가능하게 되었다. 유전자 분석을 통해 암과 유전성 질환 같은 난치병의 근원을 규명하고 예방과 치료를 위한 의료기술이 발달하고 관련 산업의 규모가 확대되면서 DNA를 활용한 헬스케어 시대가 열리게 된 것이다.

1990년, 선천성 면역결핍증인 ADA(adenosine deaminase) 환자의 백혈구에 ADA 유전자를 삽입한 것이 유전자 치료의 최초 사례다. 이 치료는 당시 미국의 보건복지부를 중심으로 시도된 바 있는데, 나아가 일반적으로 사용되는 또 하나의 대표적인 사례는 유전자 재조합을 통해 의약품으로 생산해낸 인슐린이다.

인슐린은 우리 몸 췌장에서 분비되는 혈당 조절 호르몬을 뜻한다. 만일 이 인슐린 분비에 문제가 생기면 당뇨에 걸릴 확률이 높아진다. 이 당뇨 치료에 가장 일반적으로 쓰이는 방법은 직접 부족분의 인슐린을 주입하는 것이다. 그러나 이전만 해도 이 인슐린 합성이 쉽지 않아서 돼지나 소의 인슐린을 추출하여 사람에게 주입하는 방법을 사용했는데, 생산량이 적을 뿐만 아니라 면역계에서도 거부 반응을 일으키는 경우가 많았다.

그러던 중에 미국의 제약회사 제넨텍이 개발한 유전자 재조합 인슐린으로 인해 많은 당뇨 환자들이 안정적으로 인슐린을 투여할 수 있게 되었다. 이 유전자 재조합 인슐린은 대장균을 통해 만들어지는데, 대장균의 고리 모양 DNA를 추출한 뒤 유전자 가위로 일부를 잘라낸 다음 거기에 인간의 인슐린 유전자를 접착한 뒤 이것을 대장균 군집에 투입하면 스스로 증식하며 대량의 인슐린을 생산해낸다.

글로벌 제약회사 로슈의 자회사인 제넨텍은 연 매출이 160억 달러에 이르는 세계적인 바이오 의약품 기업이다. 이 회사는 항체 바이오 신약 신시장을 개척하고, 세계 최초의 유방암 치료용 바이오 신약 허셉틴을 비롯해 리툭산·아바스틴 등 매년 80억 달러씩 팔리는 블록버스터 신약 개발에 성공했다.

DNA 연구와 질병 치료의 미래

DNA 연구가 생명공학으로까지 발전하면서, 의료의 미래는 DNA 와 불가분의 관계가 되었다. 이전까지의 의료가 외적 증상과 치유에 만 몰두했다면, 이제 DNA 생명공학은 질병의 근원을 파헤쳐 그 뿌리부터 문제를 교정하는 새로운 형태의 의료를 선보였다. 이제 DNA 생명공학이 난치병에 어떤 영향을 미치게 되었는지 살펴보자.

2

DNA 연구와 난치병 치료

유전자 치료 시대가 온다

1999년, 미국 시사주간지 〈타임〉에 '행운의 아이들 (Lucky Kids)'이라는 제목의 기사와 함께 두 소녀의 사진이 실렸다. ADA결핍증으로 사경에 놓인 두 아이가 유전자 치료를 통해 생명을 건지게 되었다는 내용이었다.

이 아이들이 걸린 ADA결핍증은 효소의 일종인 ADA(아데노신데아미나아제)를 만들어내는 유전자가 결핍됨으로써 중증의 면역 부전을 일으키는 병이다. 흔히 중증복합면역결핍증으로 불린다.

이 질병은 이전까지만 해도 유효한 치료법이 없어서 치사율이 매우 높았다. 그러던 1990년, 캘리포니아대학의 프렌치 앤더슨 박사 연구팀이 유전자 치료를 통해 완치라는 놀라운 성과를 거두었다.

당시 앤더슨 박사가 치료한 환자는 ADA결핍증을 타고나 어린 시절을 내내 병과 싸우며 보낸 소녀 실바였다. 의료 역사상 최초로 유전자 치료를 받은 실바는 친구들과 극장도 가고, 농구도 할 수 있을 정도로 건강을 회복하여 정상인으로 성장했다.

당시 이 소녀의 완치 소식은 의학계에 일대 센세이션을 일으켰는데, 앤더슨 박사는 앞으로 30년 이내에 유전자 치료를 통해 인류의 모든 난치병을 극복할 수 있다는 선언으로 유전자 치료의 신기원을 열었다.

유전자 치료, 일반 치료와 무엇이 다른가

흔히 유전병을 희귀병이라고도 한다. 그만큼 발생 확률이 낮지만, 치료도 어렵다는 뜻에서 붙여진 이름이다. 하지만 희귀병 역시 인체에서 생겨난 병이고, 따라서 조기 진단과 적절한 치료법이 개발된다면 얼마든지 치유 확률이 높아질 수 있다. 앞서 예로 든 소녀처럼 완치도 가능해진다.

사실상 약물과 수술로 이루어지는 일반적인 질병 치료는 대부분 대증치료에 기댈 수밖에 없다. 증상이 나타나야만 발병을 알 수 있고, 약물 투여와 수술 등의 치료 또한 그 질병 부위에만 국한하여 이루어진다.

이에 비해 유전자 치료는 탁월한 선택성을 지닌다. 유전자 검사를 통해 환자에게 필요한 약물이 무엇이며, 어느 정도 호전을 가져올 수 있고, 어떻게 부작용을 막을 수 있는지를 미리 알 수 있기 때문이다. 따라서 일반적인 치료법으로는 얻기 힘든 질병의 치료율 및 치료 속도를 성취할 가능성이 훨씬 커진다.

나아가 유전자 치료는 또 하나의 중요한 사실을 보여준다. 질병은 발병 이전에 원인 제거가 더 중요하다는 사실이다. 유전자 치료는 엄밀히 말해 질병의 증상 치료 이상의 것이다. 발병하기 전에 그 원인을 제거하는 것이 먼저라고 보는 것이다. 이는 유전자를 분석함으로써 각각의 DNA에서 발생할 수 있는 문제를 미리 살펴 다양한 예방과 치료에 도입한다는 의미다.

현재 이 유전자 치료와 예방이 큰 효과를 보이는 질병으로는 중증복합면역결핍증후군(ADA결핍증), 악성 뇌종양, 백혈병 등이 있다. 하지만 현재의 연구 속도를 고려하면, 향후 각종 유전질환뿐 아니라 암, 에이즈, 자가면역질환, 심혈관계 질환 등 다양한 후천성 질환에도 유전자 치료가 적용될 수 있을 것이다.

현재 숱한 의학자들이 암과 같은 난치병이 유전과도 일정한 관련이 있다는 연구 결과를 내놓고, 질병 연구에서 가족력이 인정되고 있다. 또 많은 난치병 환자의 가계를 살펴보면 비슷한 질환에 걸린 경우가 있다. 그렇다면 정말로 난치병과 유전자는 깊은 연관이 있는 걸까?

염기 차이가 질병을 부를 수 있다

유전자 치료에 대한 한 보고서에 의하면, 인간의 특성을 결정짓는 염기 게놈에는 일정한 병력이 기록되어 있다. 사람의 유전체를 구성하는 DNA 염기서열은 99.9퍼센트가 동일하고, 단지 0.1퍼센트에 불과한 300만 개의 염기만이 개인마다 다른데, 바로 이 다른 점이 눈동자 색과 피부색은 물론 인종과 생김새, 체질까지 결정한다.

그런데 놀라운 것은 바로 이 작은 차이 안에 질병에 대한 감수성 차이까지 존재한다는 점이다. 이처럼 질병과 관련된 염기 배열을 SNP(단일염기다형성)라고 하는데, 정상 염기서열과 특정 질환군의 염기서열을 비교했을 때 염기서열이 한두 개 바뀐 것을 말한다. 이는 사람들 대부분은 정상 염기 배열인 A(아데노신)를 갖지만 어떤 사람은 A가 아닌 T(티민), G(구아닌), C(사이토신)을 갖기 때문에 단백질 합성과정에서 변이가 생길 수 있다는 것을 의미한다. 정상적인 생명 활동에 방해되는 다른 단백질이 생기면서 문제가 생기는 것이다.

이 SNP는 보통 1,250개의 염기 중 하나꼴로 발생하며, 1,000명 이상의 실험자를 대상으로 통계학적으로 살펴보았을 때, 인체 기능에 아주 중요한 부분의 염기서열이 바뀐 것만을 질병 관련 SNP로 규정한다. 그리고 이 SNP를 제대로 규명하면 개인에게서 특정 질환이 발생할 위험도를 알아내거나 각자의 체질에 맞는 치료법 및 약물 투여가 가능해진다.

지금껏 우리는 질병이 몸의 균형이 깨지면서 발생하는 이상 증상임은 알고 있었지만, 그 비밀이 유전자에 숨겨져 있다는 사실을 알지 못했다. 우리 전체 유전자 염기서열 가운데 단 0.1퍼센트 안에서 각자의 차이는 물론 질병까지 만들어낸다는 사실이 밝혀졌다는 것은 유전자 분석 연구가 앞으로 특정 질환의 발병을 예측하는 열쇠임을 보여준다.

3

DNA 분석을 통한
질병의 예측과 예방

DNA와 질병의 관계성

19세기부터 시작된 의료기술의 혁신은 외부의 바이러스 등으로 인한 질병 치료에 획기적인 발전을 가져왔다. 이 분야의 역사는 매우 오래되었고 많은 연구와 임상시험을 통해 치료법들이 발견되었다.

DNA 관련 질병의 역사는 그에 비하면 아주 짧지만, 발전 속도는 그 짧은 역사를 상쇄하고도 남을 정도로 가파르다. DNA 연구가 활발해지면서 다양한 선천성 질병들에 대한 임상시험은 물론 개별의 DNA 취약 부분을 분석하여 적절한 예방 조치를 공고하는 새로운 형태의 DNA 치료법이 빠르게 확대되고 있다.

가령, 옛날에는 난치병에 걸리면 그 원인을 제대로 알지 못해 굿판을 벌여 기적을 바라거나 '천벌을 받았다'며 체념하는 것이 전부였다. 하지만 그런 희귀질병이 DNA의 결함에서 비롯되었다는 새로운 실험 결과들이 제시되면서 우리 질병의 역사도 유전자를 통해 질병을 치료하는 새로운 전환기를 맞게 된 것이다.

모건과 돌연변이

생리학자 모건은 몇몇 수컷 초파리의 눈 색깔이 붉은색이 아닌 흰색을 띠는 것에 대해 의문을 품고 연구를 진행한 결과 염색체에 유전물질이 담겨 있다는 가설을 증명한 바 있다. 여기서 흰눈 수컷 초파리처럼 드물게 나타나는 유전 형태를 돌연변이 또는 반성 유전이라고 부르는데, 모건은 암컷에게는 흰색 눈이 나타나지 않는 데 반해 수컷에게만 흰눈이 나타나는 것을 염두에 두고 성염색체에 주목했다. 암컷에게는 있지만, 수컷에게는 없는 뭔가가 돌연변이를 만든다고 생각한 것이다.

초파리는 인간과 마찬가지로 암컷은 XX 염색체를, 수컷은 XY 염색체를 가진다. 돌연변이를 일으키는 염기서열이 X 염색체가 아닌 Y 염색체 어딘가에 있다는 뜻이다. 그리고 모건은 이처럼 성염색체 차이 때문에 성별에 따라 유전형질의 형태가 달라지는 것을 '반성유전'이라고 명명했다.

그런데 문제는 이 반성유전이 초파리에게만 해당하는 현상이 아니라는 점이다. 인간 역시 성염색체의 차이로 인해 특수한 양상이 자손에게 전달될 수 있는데, 대표적인 것이 색맹과 혈우병이다. 이 유전

인자들은 초파리와 마찬가지로 X 염색체의 상위에 존재하므로 남자에게 더 많이 나타난다. 남성은 이 유전 인자를 하나만 받아도 증상을 유전받게 되는 데 비해, 여성은 두 개 모두 받아야 증상이 나타난다.

이 혈우병 유전으로 곤욕을 치른 대표적인 사례가 영국 빅토리아 여왕 가족이다. 여왕의 두 딸이 이 혈우병을 앓았고, 그 손녀 둘도 마찬가지였다. 그 외에 아들 하나와 손자 세 명, 증손자까지도 혈우병 증세를 보였다. 이는 빅토리아 여왕이 혈우병 인자를 보유하고 있고, 자신은 증상을 보이지 않았지만, 그 인자가 자식 대에서 나타난 것이다. 이 때문에 빅토리아 여왕의 자식과 손자 여러 명이 일찍 목숨을 잃는 비극을 맞은 것이다.

산전검사와 돌연변이 조기 발견

다운증후군은 염색체 이상으로 발생하는 질환이다. 이 병에 걸리면 지능지수가 낮고 뒤통수가 납작하고 미간이 넓고 콧대가 낮은 다운증후군 특유의 외모를 지닐 뿐만 아니라 외모상의 특징 외에도 선천성 심장질환이나 면역력 저하 증상이 나타나기도 한다.

이 질환은 21번 염색체로 인한 것으로, 정상적으로는 2개여야 하는 염색체가 3개 형성되면서 나타난다. 또 18번 염색체가 3개 형성되면서 나타나는 에드워드증후군도 마찬가지로 삼염색체성 돌연변이로 다운증후군보다 생후 치사율이 높은 질환이다.

그런데 현재 이 같은 삼염색체성 질환의 경우 미리 발병률을 검사하는 태아 검사가 발명된 바 있다. 임산부의 혈액을 채취해서 알파 태아단백과 비포합성 에스트리올, 융모성 성선자극호르몬 성분 3가지를 파악하는 것인데, 이 3가지 성분의 혈중 농도가 높으면 다운증후군과 에드워드증후군이 나타날 위험도가 높아지는 것이다. 다만이 검사의 정확도는 절반 정도에 불과하고 실제로 태아가 출산 후 다운증후군 증상을 보이는 비율은 5~10퍼센트에 불과하므로 좀 더확실한 양수 검사가 필요하다.

[TIP] DNA 지식창고

대표적인 염색체 이상 증후군

● 다운증후군(21번 삼염색체 증후군)

21번 염색체가 한 개 더 생겨 나타나는 증후군으로(총 염색체 수가 47개, 정상일 경우 46개) 출산아 800명당 1명꼴로 발생한다. 염색체 이상 증후군 중에 가장 흔하다. 환자의 약 절반에서 선천성심장병이 있어서 대부분 심장 수술이 필요하며 조기 수술로 심장병의 완쾌는 가능하지만, 지능 저하가 가장 큰 문제다. 과거에는 나이가 많은 산모에서 자주 발생한다고 알려졌으나 최근에는 젊은 산모를 포함하여 모든 나이의 산모들에서 발생하고 있다. 다른 기형과 마찬가지로 부모들의 염색체는 대부분 정상이다.

● **에드워드증후군(18번 삼염색체 증후군)**

18번 염색체가 한 개 더 있는 증후군으로 출산아 3,000명당 1명 꼴로 발생한다. 심장을 포함한 장기 대부분에 이상이 있으며, 예후가 매우 나빠서 출생 후 대부분 사망한다.

● **파타우증후군(13번 삼염색체 증후군)**

13번 염색체가 한 개 더 있는 증후군으로 출산아 8,000명당 1명 꼴로 발생한다. 심장을 포함한 장기 대부분에 이상이 있고, 예후가 매우 나빠서 자연 유산 또는 사산되는 경우가 많으며 살아서 출생하더라도 영유아기에 대부분 사망한다.

● **터너증후군**

성염색체인 X 염색체가 한 개 없어서 염색체 수가 총 45개다. 출산아 2,500명당 1명꼴로 발생하지만, 임신 당시에는 훨씬 흔해서 95퍼센트가 자연 유산되고 5퍼센트만이 살아서 출생한다. 대동맥 축착과 같은 심장 기형이 자주 동반되며 키가 작고 무월경, 불임이 있으나 지능 발달은 대개 정상이다.

태아 질병과 조기 검사의 효과

DNA의 돌연변이로 일어나는 질병 대부분은 사실상 아직 그 근본적 치료가 어려운 것이 실정이다. 그러나 미리 질병 원인을 알고 치료법을 찾아갈 수 있는 훌륭한 지도가 된다. 또 몇몇 유전질환에서는 조기 검사가 탁월한 기능을 발휘하기도 한다. 대표적인 질환이 바로 페닐케톤뇨증이다.

이 질병은 페닐알라닌이라는 아미노산의 대사에 필요한 효소인 페닐알라닌 하이드록실라제라는 효소가 없거나 부족해서 중추신경계를 망가뜨리는 질병으로, 출생 직후에는 판별할 수 없지만 이후 페닐알라닌을 섭취할 경우 그 독성이 중추신경계에 쌓여 신경계를 망가뜨리고, 제대로 치료받지 못하면 정신박약증을 앓게 된다.

다만 이 질병은 출생 후 섭취하는 페닐알라닌이 다수 포함된 단백질 식품을 철저하게 차단하면 평범하게 성장할 수 있다. 실제 임상 사례에 의하면 생후 1개월 안에 페닐알라닌을 차단한 식사를 공급받은 아이들의 경우 이상 증상이 나타나지 않았다는 보고가 있다. 미국에서는 신생아들을 대상으로 이를 비롯한 선천성 대사이상 분별을 위한 염색체를 검사한 결과, 그 수가 현저하게 감소했다.

DNA 분석 서비스의 미래

앞서 살펴본 사례는 선천성 대사이상을 중심으로 전개되었다. 요약하면, DNA의 염기 배열은 RNA의 염기 3개에 맞춰진 아미노산 하나가 배열되면서 생겨난다. 이때 염기 3개의 성분을 분석하면 어떤 아미노산이 만들어지는지 알 수 있고, 이것이 우리 생명의 설계도가 된다.

그렇다면 이런 설계도 분석은 얼마나 큰 공력이 드는 일일까?

인체의 단백질 종류는 10만여 개에 이른다고 알려져 있다. 또 단백질을 만드는 염기 수는 30억 개 중 2퍼센트에 불과하고, 나머지 98퍼센트의 기능은 정확히 밝혀진 바가 없다. 유전자 분석이란 이 단백질을 만드는 2퍼센트의 DNA를 분석하는 것이다.

하지만 이 작업은 엉킨 실타래를 푸는 작업보다 어렵다. 각각의 염기 순서를 고려하여 서로 연결하고 염기서열을 확인하는 작업은 막대한 연구비와 정밀한 기술이 필요하다. 하지만 앞서 살펴보았듯이 염색체 내의 이중나선 구조를 하나하나 풀어가는 유전자 분석이 앞으로 우리 생명 연장과 질병 예방에 신기원을 여는 의료 혁명이 될 것이므로 유전자 분석에 대한 인류의 열정은 앞으로 더욱 뜨거워질 것이다.

4

DNA 지도의 개인별 보유와 헬스케어의 활용

인간 게놈 해독의 시대

유전자 분석을 통해 나와 가족에게 어떤 질병이 생겨날 수 있고, 따라서 어떻게 이것을 방지할 수 있을지를 미리 알 수 있다면 어떨까? 아마 질병에 대한 두려움과 고통에서 훨씬 더 자유로워질 것이다.

지난 2003년 미국에서 시작된 HGP(인간게놈프로젝트)는 13년에 걸친 각고 끝에 92퍼센트의 인간 유전체를 해독한 지 20년 만인 2022년에 T2T(텔로미어 투 텔로미어) 컨소시엄이 나머지 8퍼센트에 대한 해독을 마쳤다. 1953년 DNA가 생명체의 유전정보를 담고 있다는 사실을 발견한 것부터 치면 70년 만에 인간 유전체 30억5,500만 쌍의 실체가 온전하게 드러난 것이다.

미국, 영국, 독일, 러시아 등 4개국 33개 연구기관 과학자 114명으로 구성된 T2T 컨소시엄은 2022년 3월 국제학술지 〈사이언스〉에 완전한 인간 유전체 정보와 함께 6편의 연구 논문을 발표했다. 텔로미어는 염색체 양쪽 끝에 있는 말단 염기서열인데, 유전체의 전모를 파악한다는 의미로 T2T라는 이름이 컨소시엄에 붙었다.

기존 유전체 분석에는 DNA를 잘게 쪼개 염기서열을 분석한 뒤 컴퓨터로 원래 DNA 순서를 짜 맞추는 쇼트 리드(short read) 시퀀싱 방식을 썼다. 하지만 인간 유전체 중에는 반복되는 DNA가 많아 위치를 특정할 수 없는 유전체가 있다. 이에 컨소시엄 연구팀은 롱리드(long read)라는 새로운 방식을 추가했다. 롱리드는 DNA를 길게 잘라 내 읽는 방식이라 DNA 위치를 다시 찾기가 쉽다.

최근 10년 사이 새롭게 등장한 DNA 시퀀싱 기술이 이들의 연구에 결정적 역할을 했는데, 한 번에 최대 100만 개의 염기를 읽을 수 있지만, 일부 오류가 나는 옥스퍼드 나노포어의 시퀀싱 방법과 2만 개의 염기를 99.9퍼센트의 정확도로 읽는 팩바이오 하이파이 시퀀싱 기술이 그것이다.

인간의 완전한 게놈 정보를 갖게 됨으로써 과학자들은 이제 사람마다 어떤 유전체 차이가 있는지, 이 유전체 차이가 어떤 질병과 연관된 건지 분석할 수 있게 되었다.

2003년 당시 과학자들은 분석한 92퍼센트 외에 남은 8퍼센트를 정크(쓰레기) DNA로 판단했다. 이 부분에는 염기서열이 고도로 반복되는 DNA 덩어리가 많았는데 유기체나 진화와 관련이 없는 부분이라고 본 것이다.

하지만 연구를 계속한 결과, 이 부분의 유전자들이 적응에 매우 중요하다는 것을 밝혀냈다. 논문의 주요 저자인 에반 아이클러 박사는 "인간이 감염, 전염병, 바이러스의 침입에도 적응하고 생존할 수 있게 돕는 면역 반응 유전자가 이 안에 포함되어 있었다. 또 약물 반응을 예측하는 측면에서 매우 중요한 유전자도 포함하고 있다"고 설명했다.

컨소시엄은 현재 전 세계 350명의 DNA 염기서열을 판독하는 작업도 진행 중이다. 연구자들은 앞으로 10년 안에 개인의 게놈 서열을 분석하는 것이 1,000달러 미만 비용의 일상적인 의학 검사가 될 수 있기를 바란다고 했다.

2007년, 놀라운 발표 두 건이 이루어졌다. 게놈이 완전히 해독되어 발표된 것이다. 그 주역은 프랜시스 크릭 박사와 더불어 DNA의 이중나선 구조를 발견한 제임스 왓슨 박사, 그리고 인간 게놈의 해독을 위해 셀레라게노믹스 사를 창설한 크레이그 벤터 박사다.

크릭과 벤터 두 사람의 논문은 2007년과 2008년에 연이어 네이처 지에 발표되었는데, 이는 2003년 인간의 기본 게놈 해독이 이루어진 뒤 4년 만의 성과였다. 이전의 게놈 해독은 특정 인간을 대상으로 한 것이 아니라 20명의 불특정 다수의 유전정보를 이용한 것이라면, 이들의 게놈 해독은 고유한 한 사람의 게놈 해독을 완성한 것이다.

물론 이 두 건의 개인 게놈 해독도 사실 완벽하지는 않다. 왓슨의 게놈 해독은 그 완성도가 98퍼센트로 2퍼센트 부족하다는 평가받고 있고, 벤터의 게놈 해독은 95퍼센트의 영역을 다루고 있다. 아직 인간의 게놈을 100퍼센트 완벽하게 해독하는 데까지는 이르지 못했다는 의미다.

그러나 이 과정에서 우리는 게놈 해독에 대한 상당 부분의 지식과 경험을 얻게 되었고, 해독 기술 또한 크게 향상되었다. 이는 게놈 해독에 투입된 비용을 총합해보면 쉽게 알 수 있는 부분이다.

2003년 발표된 최초의 게놈 해독이 13년간 2조 5,000억여 원에 이르는 비용을 치르고 이루어졌다면, 2007년의 게놈 해독은 불과 2년 동안 8억 원의 비용만 치르고 이루어졌다. 이는 유전자 분석이 더는 비싼 비용을 치르지 않고도 이루어질 수 있을 정도로 급속히 대중화되고 있으며, 가까운 미래에 일반인도 1,000달러 미만의 비용으로 서비스를 받게 될 가능성이 열렸음을 의미한다.

게놈 연구의 발전과 과제

게놈프로젝트가 완성되었다고 보기에는 시기상조일지도 모른다. 2007년 발표된 벤터 박사의 논문에 의하면 인간의 게놈 배열에는 약 0.5퍼센트의 차이가 있는 것으로 밝혀졌다. 이전의 인간 게놈 표준 배열에서 개인의 차이를 0.1퍼센트로 상정했던 것과 비교하면 5배의 차이가 나며, 이는 한 가지 중요한 의미를 가진다. 게놈의 개인 차가 생각했던 것보다 크고, 따라서 그 영역도 더 무궁무진해질 수 있다는 것이다. 또 이 0.5퍼센트의 차이로부터 개개인의 성격과 외모, 나아가 질병 가능성까지 달라진다는 점을 고려할 때, 이 차이를 해독하고 각각의 설계도를 입수할 수 있다면 개개인의 미래도 달라질 것이다.

서울대학교 유전자 연구팀에 의하면 비록 일부 계층의 특권이기는 하나 현재 유전자 분석을 통한 질병 치료와 예방이 상용화되고 있다. 전 세계의 많은 상류층 인사들은 유전자 분석을 의뢰하고 이를 통해 자신의 질병과 건강을 관리하는 방식이 보편적으로 이루어지고 있다. 더불어 앞으로는 개인 게놈 해독이 엄청난 자산을 가진 부자들만이 누리는 혜택이 아니라, 일반인들도 이용함으로써 인류 전체의 건강관리에 이바지하는 의료 시스템으로 거듭날 것으로 전망된다.

세계적으로 많은 기업과 연구기관이 유전자 분석의 대중화를 앞당기려 노력하고 있다. 대표적인 주자는 미국의 NIH(국립위생연구소)다. 이 연구소는 '1,000달러 게놈 프로젝트'를 진행하고 있는데, 이는 게놈 프로젝트를 대중적 의료로 확산하겠다는 목표로 게놈 해독에 따른 비용을 획기적으로 낮추는 데 초점을 맞추고 있다.

IBM도 개인 유전체 분석 비용을 1,000달러 이내로 낮추는 기술을 개발하고 있는가 하면, 전 세계 검색 업체의 선도자인 구글 또한 개인의 DNA 분석에 드는 시간과 비용 부담을 획기적으로 절감하겠다는 목표로 연구비를 조성해 하버드 의대 조지 처치 교수팀을 지원하고 있다. 또 MS사 역시 퍼듀대학과 함께 유전자 특성에 따른 약 처방에 사용될 소프트웨어를 개발 중인 것으로 알려져 있다.

세포의 이상 증식을 조기 발견한다

이처럼 게놈 해독을 의료에 활용하는 연구 열기가 높아지고 있는 이유는 뭘까? 인간마다 차이가 발견되는 게놈 0.1퍼센트 또는 0.5퍼센트의 영역이 적은 수치에도 불구하고 인간의 질병과 개인차에 커다란 영향력을 발휘하기 때문이다. 고작 1염기 차이로 알츠하이머 발병률이 높아진다거나 항암제에 대한 효력이 달라진다는 연구 결과는 물론 유방암과 관련해서도 비슷한 연구 결과가 나온 바 있다. 유방암은 HER2라는 단백질 유전자로부터 발병하는데, 유방암 환자의 경우 HER2의 작용을 방해하는 헤르셉틴이라는 약을 사용하는 유전자 치료가 효과적이라는 결과가 그것이다.

유전정보의 개인차로부터 발생하는 질병 가능성을 미리 분석하는 연구 또한 현재 상당한 수준에 올라 있다. 이 연구는 특정한 질병에 걸린 사람과 건강한 사람의 유전자 차이를 대조 연구함으로써 질병을 일으킬 수 있는 다양한 유전자와 염기 배열의 차이를 발견해 예방과 치료에 응용하는 것이다. 이처럼 개개인의 유전자 분석을 통해 질병 가능성을 진단할 수 있게 되었음은 게놈 해독이 앞으로 개개인 맞춤형 의료로 발전할 수 있음을 보여준다.

검색기술 발전으로 '게놈 분석' 시간·비용 확 줄여

게놈은 유전자(gene)와 염색체(chromosome)의 합성어다. 인체를 100층짜리 고층 빌딩으로 비유하면 게놈은 빌딩의 설계도에 해당한다. 설계도가 있으면 빌딩의 어느 부분이 취약한지, 물이 새거나, 기둥이 주저앉을 때 어떻게 보강해야 하는지 원인을 분석하고 수리하기에 매우 편하다. 게놈과 인체의 관계도 마찬가지다. 과학자들은 '신체 설계도' 게놈으로 의료에 혁명적 전기가 마련될 것으로 기대되었다.

하지만 인간 게놈 분석을 통한 의료 혜택이 일반 대중까지 미치기까지는 더 긴 시간이 필요할 것 같다. 전문가들은 이제 게놈 혁명을 위한 사전 정지 작업이 마무리되었을 뿐이라고 말한다. 하지만 수년 후면 게놈 분석이 진정한 의료 혁명을 일으키는 시대가 올 것으로 전망한다.

10년 전 인간 게놈 분석 발표는 각종 난치병을 치료할 수 있다는 뜻으로 해석되었다. 가령, 과학자들은 암 치료의 경우 게놈 분석을 통해 암을 일으키는 특정 유전자를 찾아낼 수 있을 것으로 전망한 것이다. 아니면 암을 막는 유전자를 찾아내 해당 유전자를 보호하거나 활성화하는 방식으로 암을 예방하거나 치료할 수 있을 것으로 기대했다. 같은 원리로 당뇨병, 치매 등의 질환도 발병 위험도를 크게 낮출 수 있을 것으로 보았다.

그러나 당시 게놈 분석에 대한 장밋빛 전망은 시간과 비용을 고려하지 않은 것으로 드러났다. 2000년 첫 게놈 분석만 하더라도 10여 년의 긴 시간에 30조 원의 천문학적인 비용이 투입됐다. 아무리 신체 설계도를 얻어서 질병의 근원을 알아낼 수 있다고 해도 개인이 부담하기에는 너무 막대한 비용이었다.

전문가들은 개인이 게놈 분석을 상용 서비스로 활용할 수 있는 비용 한계를 1,000달러 이하로 본다. 머잖아 그런 시대가 올 것이다. 아니, 그 비용이 100달러 수준으로 떨어져 건강검진처럼 게놈 분석이 일상으로 행해지는 시대가 올 것이다.

게놈 혁명 앞당기는 '무어의 법칙'과 구글

왜 게놈 분석의 비용과 시간이 최근 획기적으로 줄어드는 걸까? 그 배경에는 뜻밖에도 IT의 발전이 자리 잡고 있다. 특히 '무어의 법칙(Moore's Law)'으로 대변되는 반도체의 지속적인 혁신이다. 무어의 법칙이란 컴퓨터 칩의 성능이 18개월 만에 2배씩 향상한다는 것이다. 반면 반도체의 제조 비용은 오히려 감소하고 있다. 그 결과 지난 10년 사이 컴퓨터의 성능은 30배로 향상됐지만, 컴퓨터 구매 비용은 늘지 않고 오히려 줄었다. 게놈 분석을 하자면 수십억 개의 DNA 관련 자료를 수집한 뒤 컴퓨터로 분석해야 한다. 그런데 반도체와 컴퓨터 성능의 향상으로 게놈 분석의 비용과 시간도 획기적으로 줄어드는 것이다.

게놈 분석 비용이 수십만 분의 일로 감소한 또 다른 배경은 구글로 대표되는 검색 혁명이다. 구글이 출현하면서 전 세계 컴퓨터 프로그램 전문가들이 경쟁적으로 검색기술 향상에 매진한 결과 검색기술의 눈부신 향상으로 게놈 분석의 비용과 시간이 크게 줄었다. 게놈 분석 역시 수많은 데이터에서 필요한 정보를 찾아내는 일종의 검색 작업이기 때문이다.

더 많은 개인 게놈 분석으로 '표준 게놈' 만들어야

하지만 아직 '게놈 혁명'은 숙제도 많이 남아 있다. '민족별 게놈 표준'을 마련하는 것이 대표적이다.

2000년 첫 게놈 분석 당시의 중요한 오해는 인간 게놈은 개인별 차이가 별로 없다고 생각한 점이다. 한 사람의 게놈만 분석해 해당 인물의 생명 설계도를 얻으면 인류 전체의 생명 설계도를 획득한 것으로 당시 과학계는 착각했다. 하지만 사람마다 독자적으로 지닌 유전자가 많다는 사실이 확인되었다. 개인별 게놈 차이를 건축으로 비유하면 처음에는 모든 사람이 동일한 초고층 빌딩인 줄 알았는데 설계도를 구해보니 엘리베이터와 계단 위치, 전기 배선도 등에서 많이 차이가 난 것이다.

따라서 더 많은 개인의 게놈을 분석하는 연구가 활발하다. 10만 명의 게놈 분석을 할 수 있다면 대략 60억 인류의 표준 게놈을 만들어볼 수 있을 것이다. 이 경우 게놈 분석으로 각 개인의 질환 예측뿐 아니라 여러 민족의 이동 경로와 기원 등 다양한 정보를 얻을 수 있을 것이다. (조호진 기자, 2010. 07. 01)

4장

생명의 신비, DNA의 비밀

유전자가 발현되고 성격으로 형성되기까지 가장 중요하게 작용하는 것은 어디까지나 환경이라는 것이 아직까지는 정설로 여겨진다. 개개인이 다른 유전자를 가지고 있기는 하지만, 한 사람의 인체에 존재하는 수많은 유전자들이 환경 요인과 상호작용하면서 개인의 일반적 성격이 결정된다는 것이다. 이는 비록 유전자 연구가 혁명적인 수준으로 발전하고 있다고는 하지만 유전자와 성격, 유전자와 마음에 대한 연구에서 섣부른 결론은 위험하다는 것을 보여준다.

유전자가
세상을 바꾼다

유전자 시대의 개막

인간의 손에 '생명의 설계도'가 쥐어진다면 어떤 일이
벌어질까?

일찍이 생명공학 연구를 주도한 미국은 머잖아 인간 게놈 프로젝
트를 완성할 것이며, 난치병인 암이나 알츠하이머병 등의 유전자 이
상 질병을 DNA 분석을 통해 예방 치료하겠다고 선언했다.

비단 미국뿐 아니라 세계 각국과 글로벌 기업들이 인간의 유전자
를 복제하고 유전자를 조작한 식품을 개발하는 등 유전자 공학과 관
련된 숱한 실험을 진행하고 있는 것도, 유전자와 관련한 생명공학이
인류를 질병으로부터 해방시킬 수 있다는 믿음을 보여준다. '생명의
설계도'라는 신비가 인간의 손에 쥐어짐으로써, 이를 통해 질병 치
료와 예방의 시대가 시작된 것이라 할 수 있다.

오래전 인류는 인간을 신이 빚어낸 창조물이라고 믿었다. 하지만 현재 고도로 발달한 과학기술과 의료기술은 인간의 몸은 약 70퍼센트의 물과 무·유기 영양소, 단백질, 지방 등으로 구성되어 있으며, 무려 60조 개나 되는 세포의 활동을 통해 생명을 유지하고 있음을 밝혀냈다. 나아가 유전자 그리고 DNA를 통해 난치병을 정복할 수 있다는 비전까지 제시했다. 그렇다면 나아가 인간 게놈 프로젝트에서 언급하고 있는 게놈, 유전자 그리고 DNA는 과연 무엇이며, 이것이 우리의 생명 활동, 나아가 질병과 어떤 관련이 있는지도 살펴보자.

생명의 설계도

많은 생명공학 전문가가 언급한 게놈(Genome)이란 유전자(gene)와 염색체(chromosome)를 합성해 만든 용어로 생물에 담긴 유전정보 전체를 의미하며, 유전체라고 한다. 구조를 보면, 1개 세포 안에는 총 46개(22쌍의 상염색체+1쌍의 성염색체[XX 또는 XY])의 염색체가 존재한다.

그렇다면 이 게놈을 왜 생명의 설계도라고 하는 걸까?

그것은 게놈의 한 축을 이루는 염색체의 주요 성분인 DNA(Deoxyribo Nucleic Acid)와 관련이 있다. 건축가가 집을 짓기 전에 반드시 하는 일이 있다. 집의 구조를 분석하고 정렬하여 실계도를 만드는 것이다. 우리 몸에서 바로 그런 일을 하는 물질이 DNA다.

이 DNA는 우리 몸을 어떻게 구성하고 생명 활동을 유지하기 위해 무엇을 해야 하는지 등의 모든 정보가 들어 있는 도서관과도 같다. 무엇보다 이 DNA는 우리 몸의 단백질 구성에 깊이 관여해 우리 몸의 설계도를 그려가게 되는데, 아미노산을 어떻게 배열해서 어떤 단백질을 생성할지를 바로 이 DNA가 결정하는 것이다. 나아가 이 DNA는 사람마다 다르고 부모로부터 물려받은 것으로, 이것이 어떤 순서로 배열되는가에 따라 개개인의 외모와 성격, 질병 가능성 등이 달라진다.

우리 몸의 생명 활동은 기본적으로 세포의 활동을 의미한다. 또 여러분이 이 글을 읽고 있는 이 순간에도 우리 몸의 60조 개 세포들은 자신들의 지휘 기관인 DNA의 명령을 받고 중요한 생체 재료로서 생명 활동을 수행하고 있다. DNA는 우리의 생명 활동을 유지하기 위한 가장 중요한 주축이자, 마치 지문처럼 인간마다 고유한 특징을 가지는 신비로운 것이다. 그렇다면 이 생명의 비밀 DNA는 과연 어떤 구조를 가질까?

DNA의 기본 구조는 무엇인가

DNA는 가느다란 끈 모양과 비슷하며, 3가지가 조합되어 만들어진다. 현미경으로 확대해서 살펴보면 그 가닥 가닥마다 5개 탄소로 이루어진 오탄당인 디옥시리보스에 아데닌(A), 시토신(C), 구아닌(G), 티민(T) 등 4가지 염기 문자 그리고 인산이 결합해 특별한 조합을 이루고 있는 것을 발견할 수 있다.

DNA의 나선형 구조

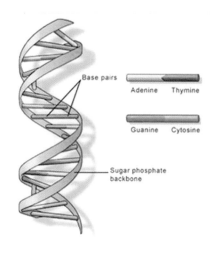

바로 이 DNA의 기본 구조를 뉴클레오티드라고 하는데, 뉴클레오
티드 끈은 반드시 한 쌍으로 결합되어 있고 나선형 형태로 서로 꼬
여 있어서 '나선형 구조'로 불린다.

각각의 생물종은 다른 염색체를 가진다

이 DNA는 인간만이 가진 걸까?

침팬지와 인간의 DNA가 90퍼센트 이상 흡사한 데서 알 수 있듯
이 DNA는 생명 활동을 유지하는 거의 모든 생명체가 가지고 있는

물질이다. 그러니까 모든 동식물이 DNA라는 화학물질을 사용해야만 자신의 생명 활동을 유지할 수 있다는 것이다. 그러나 이처럼 기본 구조는 비슷하다고 해도, 토끼에서 망아지가 나올 수 없고 팥에서 콩이 나오지 않는 것처럼, 이 DNA는 각각의 생물 종, 그리고 사람 개인마다 다른 정보를 내포한다.

이처럼 각각의 생물 종, 사람 개인마다 DNA가 다른 것은 DNA를 이루는 아데닌(A), 시토신(C), 구아닌(G), 티민(T)의 4종류 염기가 생물 종과 사람 개인마다 서로 다른 조합을 이루기 때문이다. 만일 어떤 사람은 ACGT로 염기가 배열되어 있는데, 또 다른 사람은 그 GTCA로 염기 배열이 이루어졌다면 두 사람은 다른 DNA를 가지고, 따라서 외모도 성격도 다를 수밖에 없다.

이는 생물 종에서도 마찬가지다. DNA들이 핵 속에 적절히 뽑아 쓸 수 있도록 뭉쳐 있는 것을 염색체라고 하는데, 바로 이 염색체 수에 따라 고유한 종의 특성이 나타난다.

나아가 우리는 21세기의 위대한 발견이라고 불리는 DNA 연구 성과가 한순간에 이루어진 것이 아니라는 점을 알아둘 필요가 있다. 현재 우리가 알고 있는 DNA 지식은 극히 일부분에 불과하며, DNA의 신비는 앞으로도 오랜 시간 풀어가야 할 과제다.

생물 종에 따른 염색체 수

생물 종	염색체 수	생물 종	염색체 수
사람	46개	말	64개
개	78개	토끼	44개
고양이	38개	침팬지	48개
벼	24개	개구리	26개
마늘	16개	초파리	8개
배추	20개	완두	14개

2

자손들에게 전달되는
유전자 경로

인간은 46개의 염색체를 가지고 있다

가족사진을 보면 그 자식들이 부모의 외양을 많이 빼닮은 것을 알 수 있다. 비단 외양뿐이 아니라 성격과 신체, 건강 일부도 부모로부터 이어받게 되는데, 이처럼 자식이 부모를 닮는 것은 부모가 가진 각각 46개의 게놈(염색체군) 때문이다. 부모의 이 게놈은 자식에게 전달되는데, 이때 자식은 총 46개 염색체의 절반씩을 부모로부터 각각 받게 된다. 이 때문에 자식은 아버지 반, 어머니 반을 닮게 되는데, 어떤 유전정보를 받는가에 따라 형제마다 외모나 성격이 달라질 수밖에 없다. 자식에게 전달되는 부모의 유전정보는 임의로 결정되기 때문이다.

또 인간의 게놈 염기서열은 거의 흡사해서 인종이 다르다 해도 그 차이는 겨우 0.1퍼센트 정도며, 남녀 간에는 Y 염색체로 인해 2퍼센트 가량이 다르다.

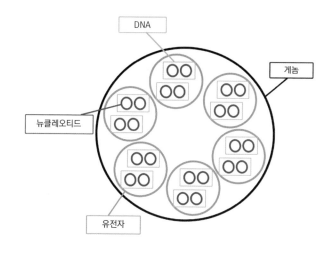

멘델의 우성 법칙

그런데 이 같은 유전체가 자식에게 전달되는 과정에도 몇 가지 법칙이 있다. 가령, 부모 중에 한 사람은 곱슬머리이고 한 사람은 생머리일 경우, 이 대립하는 두 형질은 결코 한 형태로 자식에게 전달되지는 않는다. 머리카락의 경우 곱슬머리가 더 쉽게 유전되는데, 이는 멘델이 말한 우성·열성의 법칙과 관련이 있다.

이를테면 생머리와 곱슬머리 중 곱슬머리가 더 쉽게 유전되는 우성의 형질인데, 이때 곱슬머리를 우성 형질, 감춰지는 생머리를 열성 형질이라고 한다. 여러 명의 자식을 낳았을 경우 부모 중에 곱슬머리의 형질이 더 쉽게 유전되고, 이것은 머리카락뿐 아니라 피부색, 눈의 색은 물론 성격, 질병 유전과도 관련이 있는 것으로 알려졌다.

DNA 복제에 관여하는 단백질

이처럼 DNA가 모든 생명의 중요한 유전 정보가 담긴 도서관이라는 사실, 그 자손에게 전해지는 방식이 밝혀지긴 했지만, 이것만으로 DNA의 작동 메커니즘이 모두 설명된다고 볼 수는 없다. 그 이유는 우리 몸은 DNA만으로 이루어진 것이 아니기 때문이다.

가령, 우리 몸은 물과 탄수화물, 단백질, 지방, 다양한 종류의 미네랄이 함께 작동하는 유기체다. 이 중에서도 단백질은 DNA의 형성과 복제에 큰 영향을 미친다. 이런 사실을 염두에 둔 왓슨은 DNA 구조를 밝혀냄과 동시에, 이전 시기에 통용되던 DNA와 단백질의 관계를 전면 수정하기에 이르렀다. 유전자의 정체가 서서히 밝혀지던 20세기 중반, DNA 염기서열마다 부합하는 아미노산들이 DNA와 결합한 뒤 단백질을 형성한다는 이론을 뒤집은 것이다.

그는 DNA의 이중나선구조에는 아미노산이 제대로 결합할 만한 충분한 공간이 형성되지 않는다는 사실과 DNA를 세포에서 제거하고 난 뒤에도 단백질의 합성이 계속해서 이루어진다는 사실을 근거로 들어 단백질과 DNA 사이를 연결해주는 또 다른 물질이 있다고 추측한 것이다. 그리고 그 결과 세포 내에 존재하는 또 하나의 핵산 물질 RNA를 발견하게 된다.

[TIP] 주요 용어 정리

● 게놈(Genome)

유전자와 염색체의 합성어로 생물이 지닌 모든 유전 정보의 총합

● 단백질(Protein)

우리 몸의 세포들은 특정 유전자에 해당하는 DNA를 읽어 단백질을 생산한다. 이는 건물 설계도를 보고 건물을 만드는 것을 생각하면 된다. 단백질은 세포와 우리 몸 전체에서 많은 일을 수행하는데, DNA는 A, C, T, G의 서로 다른 결합을 통해 다양한 단백질을 만들어낼 수 있다. 시멘트와 철근이 다양한 조합을 이루면서 집, 학교, 공장처럼 다양한 기능의 건물이 만들어지는 것과 비슷하다.

● 단일염기 다형성(SNP)

정자와 난자가 만들어지는 감수 분열 시기에는 세포를 만들 때

하나의 세포가 둘로 나뉜다. 이때 세포는 DNA를 복사하게 되는데, 이 새로운 세포들은 각각의 유전정보를 갖게 되고, 이 복사 과정에서 DNA가 변화하기도 한다. 이렇게 생겨난 것을 단일염기 다형성이라고 한다.

● **염색체**(Chromosome)

염색체란 어마어마하게 긴 DNA를 세포 속에 잘 보관하기 위해 DNA가 뭉쳐진 막대 형태를 뜻하는 것으로, 쉽게 염색이 된다고 해서 염색체라는 이름이 붙었다. 염색체 수는 생물마다 다르며, 사람은 23쌍, 초파리는 4쌍, 개는 39쌍, 침팬지는 24쌍을 가지고 있다.

● **유전자**(Gene)

DNA가 건물의 전체 설계도라면, 유전자는 건물을 짓는 방법이다. 이 유전자들은 모든 세포의 구조물들을 만들어낸다. 가령, 자녀가 곱슬머리라면, 그 아이들은 부모로부터 머리카락 세포가 곱슬머리 요소를 만들도록 지시하는 설계도를 물려받았기 때문이다.

● **표현형(Phenotype)**

겉으로 드러나는 유전적 특징을 의미한다. 이 표현형은 태어날 때부터 고정된 유전형으로, 다양한 환경과의 상호작용으로 변화할 수 있다. SNP를 통하면 개인의 표현형 특징을 더 잘 이해할 수 있다. 표현형으로는 질병 위험도, 신체 특징, 식품 및 약물 반응 같은 형태가 포함된다.

● **핵산(DNA)**

우리 몸을 구성하는 세포들은 각각 설계도를 가진다. 이 설계도는 DNA라는 유전물질로 암호화되어 있으며 사다리 모양을 가진다. 이 각각의 사다리를 이루는 염기는 A(아데닌), T(티민), G(구아닌), C(시토닌)의 4종류다. 또 이 사다리는 A와 T, G와 C가 만나는 구조로 되어 있다.

단백질이 우리 몸의 설계도를 그린다

RNA의 발견은 단백질 형성과 DNA에 대한 중요한 정보를 제공했다. 생명체의 몸체 대부분은 단백질 성분으로 구성되는데, 단백질을 만드는 정보체인 DNA가 명령을 내리면 이것이 RNA의 형태로 여러 개 복사되어 세포 내에 단백질을 만들어내는 집합체인 리보솜 (Ribosome)으로 전달되면서 단백질이 형성된다. RNA를 구성하는 염기 세 개당 하나의 아미노산이 코딩되어 있고, 이 형태로 리보솜으로 투입되면 RNA가 늘어서는 대로 아미노산이 배정된다. DNA는 혼자서도 복제가 가능하지만, RNA와 단백질은 DNA의 명령을 받아야 만들어진다.

그리고 이렇게 DNA의 명령으로 만들어진 RNA와 리보솜이 우리 몸을 구성하는 것이니, DNA는 결국 이처럼 단백질의 형성으로 완성되는 우리 몸의 설계도인 셈이고, 이처럼 DNA와 RNA, 리보솜으로 만들어진 단백질은 서로 유기적으로 소통하며 우리 몸을 만들어간다. 또 이는 이 과정에서 문제가 생기거나 외부로부터 손상을 입을 경우 DNA를 비롯한 단백질 형성에 문제가 생길 수 있음을 암시한다.

[TIP] DNA 지식창고
생명활동의 핵심 단백질의 역할

단백질은 우리 몸을 지탱하는 가장 중요한 영양소로서 인체의 골격과 근육과 피부, 머리카락, 장기 등을 구성하는 중요 요소일 뿐만 아니라 외부의 병원균으로부터 인체를 보호하는 항체 등을 만들어낸다. 우리 몸의 단백질은 10만 종에 이르는데, DNA는 이 단백질을 형성하고 배열하는 핵심 수뇌부로서 단백질의 형성 방법과 과정 등의 정보를 인체에 흘려보내는 역할을 한다.

라이소자임 : 세균의 세포벽을 분해해 몸을 바이러스로부터 지켜내는 효소 단백질. 눈물과 콧물, 달걀흰자에 많이 포함되어 있다.

크리스탈린 : 우리 눈 수정체의 주성분인 단백질이다. 굴절률이 높고 투명한 형태로, 그 메커니즘은 아직 정확히 밝혀지지 않았다.

액틴 : 미오신과 함께 근육을 구성하는 단백질로, 세포 분열에 관여하고 세포의 골격을 만든다.

콜라겐 : 세포와 세포 사이의 빈틈을 메우는 단백질로 우리 몸무게의 6퍼센트나 차지한다. 세포를 결합시키는 힘을 가지고 있다.

헤모글로빈 : 적혈구에 포함된 단백질로 산소를 운반한다. 4개의 촉수를 가지고 있어서 하나당 4개의 산소 분자를 붙들게 된다.

3

인간의 마음도
유전된다

마음도 유전의 일종이다

"너는 누굴 닮아서 그리 고집이 세니?"

"너는 생긴 거나 하는 거나 다 네 아버지를 빼닮았구나."

어렸을 적에 누구나 한 번쯤은 들어봤음직한 말이다. 그런데 어른들이 그저 농담처럼 하는 이런 말들에는 과학적 근거가 있다. 예술인이나 연예인 2세들이 많은 것도 여기에 해당한다. 이 2세들은 부모의 외모뿐 아니라 끼와 재능까지도 빼닮아서 탄성을 자아낸다. 그런가 하면 형제 모두가 연예인이나 예술가가 되는 집안도 있다. 그렇다면 정말로 성격도 유전자와 관련이 있는 걸까?

1994년, 미국에서 성격과 유전자의 연관성에 대한 대규모의 연구가 시작되었다. 이 실험을 하게 된 동기는 한 쌍둥이의 놀라운 사연 때문이었다. 한 일란성 여성 쌍둥이는 태어나자마자 각각 다른 가정에 입양되어 서로 다른 환경에서 성장했다. 그런데 30년 후 이 쌍둥이가 극적으로 재회했을 때 그것을 지켜본 사람들은 놀랄 수밖에 없었다. 화려한 것을 좋아하는 두 사람의 외양은 물론이고, 더 놀라운 것은 두 사람이 각각의 자녀에게 동일한 이름을 붙여준 것이다.

이후 진행된 연구는 '성격의 3분의 2는 유전'이라는 결론을 내렸다. 함께 자란 일란성 쌍둥이와 이란성 쌍둥이 각각 1,000쌍을 조사한 결과, 일란성 쌍둥이에서 확실히 동일한 성격이 판명되었고, 각각 다른 환경에서 자란 일란성 쌍둥이 수십 쌍 역시 전혀 다른 가정환경에서 자랐는데도 동일한 성향을 보이는 것으로 밝혀졌기 때문이다.

이 흥미로운 실험 결과가 발표되자 유전자는 인체의 구조에만 관계한다는 통념은 도전받게 되었고, 이후 유전자 연구에 대한 새로운 관점이 열리게 되었다. 우리의 마음, 나아가 정신적인 문제 또한 유전 연구를 통해 극복할 수 있으리라는 희망이 생겨난 것이다.

성격과 관련된 유전자들

그렇다면 과연 우리 성격과 관련된 유전자는 따로 존재하는 것일까?

현재 우리가 가진 유전자 지도로 미묘하고도 미묘한 성격 전부를 유전자로 규명하기는 어렵다는 것이 정설이다. 하지만 현재 동물을 대상으로 한 유전자 성격 연구는 상당 부분 진행되어 있다. 그중에 가장 큰 성과를 보인 동물이 개다.

개도 사람과 크게 다르지 않아서 그 품종마다, 나아가 개체 각각마다 다른 성격을 가진다. 어떤 개는 온순하고 친화적인가 하면, 또 어떤 개는 영민하고 민첩하다. 또 어떤 개는 공격적으로 경계를 잘해서 맹견이라 불리기도 한다.

그렇다면 이 개들의 성격을 규정짓는 유전자 지도는 어느 정도 완성되었을까?

현재 개의 성격을 결정짓는 유전자 요소로 신경전달물질 합성에 관계된 단백질 2종, 이를 받아들이는 단백질이 6종, 이를 다시 거둬들이는 단백질이 4종, 대사에 관련된 단백질이 2종 규명된 바 있다. 이 물질들이 다양한 형태로 결합되면서 개의 다양한 성격이 결정된다.

한편, 직접적으로 유전자 변화를 통해 행동을 교정하는 실험이 쥐를 통해 이루어진 바 있다. 생쥐의 경우 운동량과 관련한 유전자가 8개 존재하는데, 이 중에 4개는 운동량을 높이는 유전자이고, 나머지 4개는 운동량을 낮추는 유전자다. 이 유전자에 변화를 주면 생쥐의 운동량에 대한 변화를 꾀할 수 있는 것이다.

유전자를 알면 마음을 바꿀 수 있다

사람의 마음은 알다가도 모르겠다고 한다. 그러나 이 복잡다단한 마음과 정신에도 유전자의 영역이 존재한다. 유전자 지도 분석 결과 자폐증과 관련한 유전자가 114개 발견되었고, 식욕부진과 관련된 유전자가 24개, 나아가 공격성과 관련된 유전자도 106개가 발견되었다.

이는 우리 성격과 정신, 마음을 통틀어 유전자가 관여하는 부분이 존재한다는 것을 보여준다. 대표적으로 우울증의 경우, 세로토닌의 부족이 치명적인 영향을 미친다. 세로토닌이란 우리가 이성적으로 사고하고 감정을 조절할 수 있도록 도와주는 신경전달물질로 알려져 있는데, 우울증의 경우 세로토닌을 받아들여서 적절한 감정을 유지해야 하는 세포가 이를 충분히 받아들이지 않아서 생기는 것이다.

또 충동성의 경우 인체에 만족감을 제공하는 도파민이 공격적 성향과 범죄, 방화 등에 관여한다. 충동성을 앓는 사람들의 경우 충동적인 행동 뒤에 이 도파민의 양이 급격히 증대한다. 그런데 놀랍게도 우리 몸에는 이 두 물질의 형성과 공급량에 대한 유전자가 개별적으로 존재하고 있는 것으로 알려져 있다. 나아가 바람기와 관련된 재미있는 실험도 있다. 한 마리의 짝과만 생활하는 생쥐와 교미 후에도 다른 암컷을 좇는 바람둥이 생쥐를 비교해본 결과, 일부일처형 생쥐의 경우 특수하게 두뇌에서 '바소프레신 수용체'라는 단백질이 강한 것으로 나타났다. 이후 이 바소프레신 수용체를 추출하며 바람둥이 생쥐에게 주입하였더니 바람기가 잦아들었다.

유전자와 환경의 조화를 고려해야 한다

이런 결과는 우리의 성격과 마음에 유전자가 관계한다는 확실한 증거지만, 아직 인간의 마음이 정확한 메커니즘으로 규명되기는 어려워 보인다. 또 이런 유전자 요소들은 어떤 사람들에게는 강하게 나타나지만, 또 어떤 사람에게는 나타나지 않는 경우도 있다. 유전자마다 모두 각각의 특정 행동 성향을 가지고 있지만, 그것은 어디까지나 잠재적인 것일 가능성이 크다는 얘기다.

이 모든 유전자가 발현되고 성격으로 형성되기까지 가장 중요하게 작용하는 것은 어디까지나 환경이라는 것이 아직까지는 정설로 여겨진다. 개개인이 다른 유전자를 가지고 있기는 하지만, 한 사람의 인체에 존재하는 수많은 유전자들이 환경 요인과 상호작용하면서 개인의 일반적 성격이 결정된다는 것이다.

이는 비록 유전자 연구가 혁명적인 수준으로 발전하고 있다고는 하지만 유전자와 성격, 유전자와 마음에 대한 연구에서 섣부른 결론은 위험하다는 것을 보여준다. 개별 유전자의 독립적 성향에 앞서 그 유전자가 어떤 환경 요인을 만나 발현되었는지를 종합적으로 고려해야 한다. 다만 지금껏 진행된 유전자와 성격, 유전자와 마음 연구는 일정한 호르몬 부족으로 고통 받는 다양한 정신적 환자들에게 새로운 신경화학 치료법을 제시할 수 있게 되었다는 점에서 커다란 성과라고 할 수 있다.

4.
놀라운
유전자 분석의 세계

과학수사, 드라마가 아닌 현실

예전에 TV 드라마 〈수사반장〉이 장수를 누리면서 폭발적인 인기를 끌었다. 이런 수사 드라마는 질적으로 진보하면서 여전히 인기를 끄는 장르다. 예전의 경찰이 주로 직감을 통해 범죄를 수사했다면 이제는 과학을 통해 범죄를 수사한다. 이른바 과학수사팀이 젊은 시청자들에게 인기가 높아지고 있다.

이는 우리가 살고 있는 시대 변화와도 무관하지 않다고 볼 수 있다. 현재 인류의 유전자 과학은 영화를 방불케 하는 수준으로 발달했기 때문이다. 아마 자연재해나 대형사고 등으로 많은 이들이 사망했을 때 이들의 신원을 유전자 분석을 통해 규명하고 있다는 뉴스를 접했을 것이다. 이는 비단 대규모의 과학기술 지원을 하는 서구뿐아니라 우리나라에서도 실제로 진행되고 있는 일이다.

범죄 수사와 재난재해에 활용되는 DNA 분석

우리나라의 국립과학수사연구의 홈페이지에는 이런 과학수사의 사례가 망라되어 있는데, 한때 서울 서북부 지역에서 연쇄적으로 성폭행을 벌였던 일명 '마포 발바리'를 검거할 수 있었던 것도 바로 이 DNA 과학 덕분이었다. 당시 피의자가 절도를 벌이다가 손을 다쳐 피를 흘렸는데 이 혈흔을 채취해 국립과학수사연구소에 의뢰한 결과 그의 DNA가 연쇄 성폭행범과 일치한다는 사실이 밝혀진 것이다.

그뿐 아니라 DNA를 통한 친자 확인도 최근 들어 활성화되고 있다. 이는 주로 개인적으로 친자를 확인하고자 하는 이들은 물론, 실종과 미아 발생 사건에서도 널리 활용되고 있다.

유전자 분석은 이처럼 신원미상인 신원 확인, 헤어진 가족 찾아주기, 재난사고 시 신원 확인, 실종 아동 신원 확인, 독립유공자 후손 확인, 동식물의 식별, 범죄 수사 등에서 널리 이용되고 있어서 이미 우리 일상에 깊숙이 들어와 있다.

다양한 DNA 분석의 활약상

1985년, 집을 나와 시설에서 보호 중이던 정신지체 장애인 장모 (36, 여) 씨의 친어머니 확인을 위해 국립과학수사연구소에 두 사람의 DNA 검사를 의뢰한 결과 장씨가 친자임을 확인했다.

2007년 11월 27일, 광주 서구 금호동 모 내과에서 두 차례 발생한 시가 50만 원 상당의 의약품 도난사건의 용의자가 피운 것으로 추정되는 담배꽁초를 수거해 국립과학수사연구소에 유전자 감식을 의뢰한 결과 담배꽁초에서는 4명의 유전자가 검출됐고, 이 가운데 1명은 최근 전남 화순경찰서에서 입건한 A군의 유전자와 동일하다는 결론이 내려졌다.

전북 남원시 아영면 성리 735-7 소재 임야에 고소인 친척의 묘가 있는 바, 당시 그곳에는 몇 구의 묘가 있고, 피고소인이 건물을 신축하기 위해 그 일대를 무단 개간하여 고소인 친척의 묘를 불분명하게 하여 묘를 찾을 수 없게 되자 분쟁이 발생하여 고소한 사건으로, 친척의 묘인지 여부를 신원확인을 통해 밝히고자 했다. 유전자분석실 직원이 직접 묘지에 출장을 가서 확인한 결과 피고소인은 묘를 발굴하여 뼈만 따로 가매장한 상태였으며, 1950년대에 매장되어서 뼈 자체도 상태가 불량하여 유전자형이 나올지 미지수였으나 미토콘드리아 DNA 염기서열을 통해서 고소인 친척의 묘임을 확인할 수 있었고, 동일 모계 가족임을 통보했다.

인도양에서 쓰나미가 발생했을 때 많은 희생자가 신원불명 상태로 남겨졌다. 이때 중국 정부가 나서서 대대적으로 DNA 감정을 실시하고 그와 관련한 대량의 데이터베이스를 만들었다. 그런가 하면 미국의 9.11사태 때도 건물 잔해에 손상된 희생자를 DNA 감정을 통해 신원확인을 한 바 있다.

흥미로운 DNA 지문법의 세계

인간의 유전자는 99.9퍼센트가 똑같고 0.1퍼센트만이 염기배열의 차이로 인해 달라진다. 유전자 지문 인식 또는 유전자 인식 또는 진단(DNA Finger printing 또는 DNA recognition), 나아가 이 유전자 의학을 이용하는 법의학(Forensic Medicine, Forensic Science)은 바로 이 염기배열의 차이를 발견하는 것을 전제로 한다. 현장에서 발견된 혈액이나 머리카락, 타액, 손발톱 등에서 채취한 DNA와 용의자의 DNA 염기배열을 비교했을 때 일치하면 그가 범인이라는 것을 확증할 수 있다.

다만 인간 DNA의 염기는 무려 32억 개이므로 모두 조사하기는 힘든 만큼 감정하고자 하는 세포에서 소량의 DNA를 추출해 이를 PCR(중합효소 연쇄 반응, Polymerase chain reaction)법으로 대량 복제해서 감정하게 되는데, 이를 PCR 증폭기술이라고 한다.

특히 범죄 과학수사에서 이런 증폭기술이 자주 소개되는데, 가령 신원미상의 부패된 시체가 발견되었을 때 그 시체에서 어금니를 추출할 수 있으면, 그 어금니에 남아 있는 극미량의 DNA를 PCR로 100만 배 증폭해 신원을 확인하고, 그 외에 남아 있는 미량의 DNA도 마찬가지로 조사해서 범인을 색출할 수 있게 된다.

이는 세포의 DNA가 이중나선의 두 사슬의 시작점에서 두 개로 분리되며 복제되는 정황을 이용한 것이다. 이때 각각의 사슬을 틀로 삼아 염기가 쌍을 이루며 DNA가 합성되는데, 이 쌍은 반드시 A와 T, G와 C라는 조합을 갖게 된다. PCR법은 이 DNA 복제 기능을 인공적으로 반복시켜 대량으로 생산한 뒤 이를 의심되는 사람의 실제 DNA와 비교하는 방법으로 이루어진다.

5

유전 법칙 발견의
드라마

DNA, 150년의 역사

가족사진을 보면 재미있게도 가족 구성원들이 비슷비슷하게 닮아 있는 것을 볼 수 있다. 물론 생활환경과 분위기 탓이기도 하겠지만, 자식이 부모를 닮는 것은 전 세계 공통의 자연스러운 현상일 것이다. 그런 배경에 숨겨진 DNA의 비밀을 알게 된 것은 그리 오래 되지 않았다.

2001년 3월, 생명과학의 신기원을 여는 게놈 지도가 발표되었다. 인간의 세포 1개에 있는 46개(23쌍)의 염색체에는 모두 약 31억 개의 염기쌍이 존재하고, 이 안에 2만 6,000~4만 개의 유전자가 내포되어 있다는 사실이 공개된 것이다. 이제는 모두가 아는 공인된 사실이지만, 이 사실이 밝혀지기까지는 한 세기 이상의 시간이 흘렀고, 그 시작은 멘델이라는 과학자로부터 비롯되었다.

유전학의 아버지, 멘델

1865년, 오스트리아의 한 학회에서 유전형질에 대한 언급을 최초로 꺼낸 이가 있었다. 현대 유전학의 아버지로 불리는 그레고어 멘델이다. 멘델은 완두를 교배시키는 실험을 통해 부모의 형질 중에 오직 하나만 자식에게 유전되고 나머지 형질은 그 모습을 감췄다가 후세대에 뒤늦게 나타날 가능성이 있다는 점을 밝혀냄으로써 세계 최초로 현대의 유전자 이론의 기초를 세웠다.

하지만 이 같은 획기적인 발견에도 불구하고 그는 불우한 천재였다. 당시는 아직 유전학을 받아들일 만한 과학적 토대가 부족하고 사람들의 생각도 과학과는 정반대의 자리에 서 있었기 때문이다. 하지만 멘델의 외로운 싸움은 헛된 것이 아니었다. 그에 이어서 미국의 동물유전학자인 토머스 모건이 멘델의 유전자를 실체로 규명했기 때문이다.

염색체 지도를 그린 모건

멘델이 제창한 유전자 이론은 그가 죽은 지 20년이 흐른 1909년 일부 인정받게 되었는데, 그가 이론화한 유전 형질의 바탕인 인자를 비로소 '유전자'라고 부르기 시작한 것이다. 그럼에도 아직 이것은 이론에 불과할 뿐 유전자를 증명할 만한 결정적인 실험 결과가 나오지 않았을 때였다.

이때 등장한 과학자가 토머스 모건이다. 그의 초파리 연구는 아직도 유명한데, 당시 그는 이 실험을 통해 초파리 돌연변이를 발견했다. 보통 초파리는 붉은 눈을 가지는데 그중에 하얀 눈을 가진 초파리가 있었다. 또 하얀 눈을 가진 초파리는 수컷만 있다는 점에서 그는 눈 색깔을 결정하는 유전자와 성별을 결정하는 유전자가 하나의 염색체 안에 포함된 것이 아닐까 하는 의문을 품게 되었고, 이를 바탕으로 유전자가 염색체에 긴 선처럼 늘어서 있는 형태를 추측한 뒤 각각의 유전자가 염색체에 어떤 형태로 늘어서 있는지 다양한 경우의 수를 가정하여 염색체 지도를 그려나갔다.

그 결과 그는 총 4쌍 8개의 염색체를 가진 초파리의 눈 색깔, 날개 모양, 성별 등의 유전 형질을 가진 유전자가 염색체의 어느 부분에 위치하는지를 파악하고 증명함으로써 유전자가 염색체 안에 내포되어 있음을 공표했으며, 그 성과를 인정받아 1933년에 노벨의학생리학상을 받았다.

DNA의 최초 발견자, 에이버리

하지만 이 발견만으로는 유전자의 정확한 실체를 과학적으로 이해하기는 어려웠다. 유전자의 핵심 물질은 무엇인지, 그것들이 어떻게 유전되는지는 아직 오리무중이었기 때문이다.

이 과제를 넘겨받아 풀어낸 과학자가 오즈월드 에이버리다. 그는 미국의 세균학자로, 영국의 보건부에서 근무하면서 생쥐를 대상으로 폐렴 쌍구균 연구를 하던 중 박테리아 사이에 유전 형질이 전환될 수 있다는 점을 깨달았다. 폐렴 쌍구균은 S형과 R형 두 가지인데 병원성을 가진 S형을 모두 죽이고 병원성이 없는 R형만 남긴 것을 생쥐에게 주입했으나 결국 R형 군이 S형으로 변화해 생쥐를 폐렴에 걸리게 한 것이다.

이후 그는 그 원인을 찾기 위해 대체 무엇이 병원성을 내포하는 균을 만들어내는지에 몰두했다. 그리고 열처리한 S형 균을 탄수화물, 단백질, DNA로 구분한 다음 R형 군을 투입해서 분석을 계속한 결과, DNA가 형질변환의 원인임을 밝혀내는 데 성공했다. 하지만 1944년 DNA가 유전물질이라는 발표 후에 안타깝게도 사람들의 비웃음만 샀고, 그의 위대한 발견은 한동안 그늘에 묻혀 있어야 했다.

DNA의 이중나선 구조를 발견한 왓슨

DNA가 유전자의 정체임이 밝혀진 뒤부터는 자연스럽게 DNA 자체를 좀 더 철저하게 규명하려는 연구가 이루어졌다. 그 중심에는 영국의 물리학자 모리스 윌킨스와 미국의 분자생물학자 제임스 왓슨이 있었다.

가장 먼저 모리스 윌킨스와 영국의 로절린드 프랭클린이 DNA의 분자구조 해명 및 유전정보 전달 연구를 통해 최초로 DNA의 회절상을 규명하는 일에 성공했고, 이어서 미국의 제리 도너휴가 DNA의 수소 결합을 발견했으며, 드디어 제임스 왓슨이 영국의 프랜시스 크

릭이 이 연구를 바탕으로 DNA의 구조 모델을 파악하는 데 성공했
다. 이것이 바로 지금은 널리 알려진 DNA의 이중나선 구조가 발견
된 과정이다. 이들은 DNA 연구에 대한 강한 집념과 끈기로 자신의
일생을 바쳐 DNA 구조 파악에 헌신을 다했고, 그 공적으로 크릭과
왓슨, 윌킨스가 1962년에 노벨의학생리학상을 받았다.

[TIP] DNA 지식창고
DNA가 밝혀낸 베토벤의 사망 원인

베토벤이 1827년 빈의 베링거 묘지에 안장될 당시 사람들은 그
가 간질환과 수종으로 사망했다고 믿었다. 그러나 베토벤이 납
중독으로 사망했다는 사실이 172년 만에 DNA 검사를 통해 새롭
게 밝혀졌다.

 미국의 수집가 이라 브릴런트는 경매에서 베토벤의 머리카락을
구입하여 시카고의 한 연구소에 DNA 검사를 의뢰하였다. 4년에
걸친 조사 결과 15센티미터 길이의 베토벤 머리카락 하나로 사망
전 6개월간 신체의 화학적 상태를 규명하는 데 성공했고, 연구소
측은 베토벤의 머리카락에서 정상인의 100배나 되는 60ppm의
납이 검출되었음을 발표했다. 음악 연구가들은 베토벤이 시골의

신선한 공기를 즐겼고 특히 도나우 강에서 잡은 민물고기를 매우 좋아했다고 밝혔다. 그러나 산업 연구가들은 산업혁명이 시작된 19세기 전반 도나우 강변의 많은 공장이 중금속 오염물질을 강으로 다량 배출했다고 확인했다. 이로써, 일부 연구가들은 베토벤은 납에 중독된 물고기를 먹음으로써 납 중독으로 사망했다고 추측하고 있다.

미지의 세계로 남아 있는 생명의 신비

이처럼 DNA의 실체와 구조가 밝혀지기까지는 150년이라는 세월이 흘렀다. 그럼에도 인류는 아직도 DNA 연구를 완성했다고 볼 수 없다는 것이 정설이다. 인간의 DNA는 무려 30억 개나 되는 염기쌍을 가진다. 여기서 염기쌍이란 일종의 문자와 같은 것으로, 이 문자 배열에 무엇이 적혀 있는가가 모두 다른 것이다. 또 한 가지 중요한 것은 이 30억 개의 염기쌍 중에 단백질을 만들도록 명령하는 중요한 핵심 DNA 영역은 2퍼센트에 불과하다고 한다. 30억 개 중에 이 핵심 DNA 영역을 포함해 확실히 파악된 염기쌍은 이를 포함해 불과 40퍼센트에 불과하며, 나머지 60퍼센트 이상은 그 역할이 분명히 알려지지 않고 있다.

한때 과학계에서 이 60퍼센트의 염기쌍은 의미 없이 배열되었거나 기능을 상실한 부위라고 여겨지기도 했다. 하지만 최근 들어 많은 학자가 여기에 의문을 제기하고 이 영역에도 생명 활동과 관련된 중요한 비밀이 숨어 있다고 믿고 있다. 이는 앞으로도 유전자와 DNA 연구가 끊임없이 진행될 것임을 보여주는 동시에 앞으로 우리 생명 연장과 질병 예방과 치료에 이런 미지의 영역이 커다란 역할을 하게 되리라는 것을 암시한다.

5장

DNA 설계도로 건강 체크

DNA 분석 서비스는 단 1회 실시하는 것만으로도 건강의 나침반이 되어 개개인의 건강을 지켜나갈 수 있는 기회를 제공할 뿐 아니라, 우성 유전자와 열성 유전자의 위치를 파악하고 질병 가능성을 체크해서 앞으로 식습관과 환경 등을 어떻게 개선해나가야 건강한 삶을 살 수 있을지를 안내하는 길잡이 역할을 하게 될 것이다.

우리의 건강을 위협하는 현대병

기대수명보다 건강수명이 중요

현대 의학의 발전에 따라 우리의 기대수명은 놀랄 만큼 늘어났다. 하지만 앞에서도 말했듯이 기대수명의 연장보다 중요한 과제가 있다. 수명만 늘어나는 것이 아니라 그 수명이 다할 때까지 건강하게 살아야 한다는 것이다. 건강수명이 늘어나야 진정한 장수를 누리는 것이다.

그러나 안타깝게도 환경오염과 스트레스 등에 노출된 현대인의 건강은 현재 위협적인 수준까지 도달했다. 다음은 최근 한국 사회 질환별 증감 현황을 도표로 만든 것이다. 평균 사망률이 지속적으로 감소하고 있는 가운데 사망 원인 1위인 암은 그 점유율이 매년 증가하고 있음을 알 수 있다.

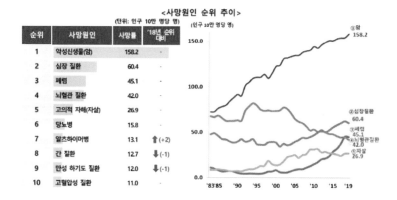

주요 질환의 사망원인 점유율

<사망원인 순위 추이>

(단위: 인구 10만 명당 명)

순위	사망원인	사망률	'18년 순위 대비
1	악성신생물(암)	158.2	-
2	심장 질환	60.4	-
3	폐렴	45.1	-
4	뇌혈관 질환	42.0	-
5	고의적 자해(자살)	26.9	-
6	당뇨병	15.8	-
7	알츠하이머병	13.1	⬆(+2)
8	간 질환	12.7	⬇(-1)
9	만성 하기도 질환	12.0	⬇(-1)
10	고혈압성 질환	11.0	-

나아가 순환기 계통의 질환에 속하는 뇌혈관 질환과 심장질환 역시 한국인 사망 원인의 2위를 차지하면서 증가하고 있는 실정이다.

이런 상황에서 건강한 장수를 유지하려면 두 가지 사실에 주목할 필요가 있다.

하나는 사회적·환경적 요인으로 인한 질병 노출도가 증가하고 있는 만큼 일시적이고 단편적인 검진을 넘어 예방 의학과 관련된 의료 시스템이 필요하다는 점이다.

또 하나는 질병이 발생하고 나서야 치료에 들어가는 것이 아니라 생활 전반을 건강하게 다스릴 수 있는 먹을거리, 생활습관 등의 교정을 통한 총체적인 예방이 필요하다는 것이다.

특히 노인 인구가 증가하고 식습관의 서구화가 급속도로 이루어지고 있는 지금, 이제는 질병이 발생하고 나서야 급히 치료에 들어가고 그 또한 증상 부위에만 몰두하는 대증치료는 지양되어야 할 것이다. 우리 건강의 근원에 주목하고 보다 근본적인 이해와 치료가 필요한 시점이다.

암을 일으키는 유전자 배열

2010년, 존스홉킨스대 연구진이 흥미로운 결과를 발표했다. 새로이 발견된 종양 염색체 재배열 검사 기술인 'PARE(Personalized Analysis of Rearranged Ends)'를 이용해 대장암과 유방암 환자 4명의 유전자를 분석한 결과, 정상 조직에는 없고 종양 조직에서만 특이하게 발생하는 DNA 재배열이 확인된 것이다. 나아가 연구진은 이 정보를 토대로 치료 경과가 어떻게 진행될 수 있을지도 예상 가능하다고 밝혀 더 큰 주목을 받았다. 이 기술을 적절히 이용하면 간단한 혈액 검사만으로도 수술, 화학요법, 방사선요법의 효과를 관찰하고 조기에 암 재발을 진단할 수 있다는 것이다.

이 PARE 기술을 이용한 검사 비용은 적용 초기에는 CT 촬영에 비해 3배 이상이나 되어 적잖이 부담스러웠지만, 그간 크게 떨어져 일반적 이용이 가능하게 되었다. 이는 비용이 1,000달러 이하로 내려가면 CT 촬영보다도 비용 대비 훨씬 효과적인 검사가 될 수 있다. 존스홉킨스대 연구진은 이 라이프 테크놀로지(Life Technologies)와 게놈 기반 혈액검사를 상업적으로 개발했다.

유전자 분석을 통한 토털 건강 개선

이처럼 유전자 분석은 현재 현대 의학이 제공할 수 있는 가장 혁신적인 예방의학으로 나날이 발전하고 있다. 이전에 일반적으로 진행되던 건강검진의 경우 예방보다는 질병 발생 상황을 체크하는 데 목적이 있었던 반면, 유전자 검사는 질병 발생 가능성을 염두에 두고 진행된다. 내 몸이 취약한 질병을 미리 앎으로써 다양한 보조식품이나 식습관, 생활습관 관리로 세포 기능과 영양대사를 높일 수 있다.

앞으로 DNA 분석 서비스는 단 1회 실시하는 것만으로도 건강의 나침반이 되어 개개인의 건강을 지켜나갈 수 있는 기회를 제공할 뿐 아니라, 우성 유전자와 열성 유전자의 위치를 파악하고 질병 가능성을 체크해서 앞으로 식습관과 환경 등을 어떻게 개선해나가야 건강한 삶을 살 수 있을지를 안내하는 길잡이 역할을 하게 될 것이다.

2.
유전자는
내 질병을 알고 있다

인간의 유전자는 모두 다르다

유전자로 개인을 구별하는 데는 한 가지 조건이 따른다. 유전자는 지문처럼 개인마다 각각의 특성을 갖는다는 점이다.

요나스를 대상으로 이루어진 과학 실험이 실패하면서, 그의 복제 인간 세 명이 만들어진다. 요나스의 본성을 가진 그들은 자신이 요나스라고 생각한다. 복제 인간을 죽이지 않으면 요나스는 두 배 빨리 늙는다.

2011년, 댄 아센룬드 감독이 연출한 영화 〈도플갱어〉의 도입부 개요다. 독일어에서 온 '도플갱어'는 "이중으로 돌아다니는 사람"이라는 뜻으로 자기 분신 또는 분신 복제를 가리킨다. 같은 시대와 공간에서 타인은 볼 수 없지만, 본인 스스로 자신과 똑같은 대상(환영)을 보는 것을 말한다.

도플갱어는 독일 작가 장 파울이 새로 만든 신조어로, 자신의 소설

《지벤케스》(1796)에서 처음 사용했다. 도플갱어가 실존하는지는 명확하게 규명된 것이 없어 대개는 세계 곳곳마다 상징이나 의미가 조금씩 다르게 속설로 전해진다. 도플갱어와 마주치면 머잖아 자신이 죽을 것임을 암시하는 것이라는 속설은 공포영화의 소재로도 많이 사용된다.

현대 의학에서는 도플갱어를 자신과 똑같은 모습의 환영을 보는 증상으로 자아분열과 같은 정신질환의 일종으로 본다. 정신적으로 큰 충격을 받았거나 현재 자신의 모습이나 반대의 성격을 갈망한 나머지, 스스로 그러한 자신의 환영을 만들어내 보게 된다는 것이다.

나와 똑같은 성격과 외모, 즉 똑같은 유전자를 가진 도플갱어가 존재할 수 있을까?

비슷한 사람은 있을 수 있지만, 유전자가 100퍼센트 똑같은 타인은 있을 수 없다. 부모와 그 자식의 유전자, 나아가 형제 사이의 유전자도 다른 것만 봐도 알 수 있는 사실이다.

우리는 부모의 난자와 정자의 결합으로 탄생했다. 그런데 이 난자와 정자가 생성되는 과정에서도 일종의 감수 분열이 일어나면서 부모의 염색체 일부가 바뀌게 된다. 나아가 정자와 난자는 총 22종의 보통 염색체와 1종의 성염색체를 갖게 되는데, 그중에 어느 염색체를 받게 될지는 어디까지나 임의로 결정된다.

그러니까 2의 23배수인 염색체 조합이 임의로 결정되는데, 형제가 똑같은 유전자를 받을 확률은 0에 가깝다. 나아가 형제끼리도 이런 상황인 만큼 타인과 똑같은 유전자 조합을 가진다는 것은 불가능하다. 그리고 바로 이 때문에 유전자 배열은 우리의 지문과 같은 역할을 하는 것이다.

DNA 분석 맞춤의료의 시대

이처럼 우리의 DNA가 지문처럼 개인마다 다르다는 것은 개인마다 질병도 치료 방법도 다를 수 있다는 것을 뜻한다. 2010년, 이와 관련해 〈파이낸셜 뉴스〉에 파격적인 기사가 실렸다. 삼성의료원과 삼성SDS, 미국 라이프테크놀러지가 '인간 유전체 시퀀싱 및 유전자 기반의 진단, 치료연구 글로벌 서비스 산업'을 위한 양해각서(MOU)를 체결했다는 내용이다. 30억 쌍의 DNA를 분석해서 이를 맞춤 치료에 활용하겠다는 것이다.

이 MOU 체결은 3개 영역이 제휴한 것으로, 유전체 분석장비 기술을 보유한 LT, 유전체 정보 분석 분야에 도전하고 있는 삼성SDS, 첨단 의료 분야의 삼성의료원 등 BT-IT-의료계 간의 것으로 개별맞춤 의료, 나아가 유전체 연구와 실용화에 새로운 패러다임을 제시했다는 평가를 받았다.

이들이 개발하기로 체결한 개인 유전체 정보 서비스란 개인마다 다른 DNA의 염기서열을 해독해 특이질병 유전자의 존재 빈도와 질환 요인 유전자를 탐색해 이를 궁극적으로 질병 예방과 치료에 활용하는 것이다. 삼성의료원은 세계적 수준의 암 센터를 바탕으로 인간 유전체 염기서열 분석 연구와 글로벌 서비스를 진행하고 있다.

삼성유전체연구소는 암 환자 유전체 분석으로 80가지 암 관련 유전자 변이를 검사하는 캔서스캔(CancerSCAN)을 서비스한다. 캔서스캔은 유용한 유전체 정보를 선별적으로 심층 분석하는 방식으로 비용을 낮추고 속도와 정확성을 높인다. 삼성의료원은 이 서비스를 환자에 적용해 효과적 표적 항암치료제를 선정하는 데 활용한다.

삼성의료원은 유전체 연구 기반이 가장 먼저 적용될 분야는 혈액암 분야이며, 이 연구가 앞으로 세계적 맞춤 의료의 실현과 실용화에 중요한 이정표가 되는 동시에, 이미 상용화에 들어가면서 수천억 달러에 이르는 엄청난 시장으로 성장하고 있다고 강조한다.

[TIP] DNA 정보
빌 할랄 교수의 신체 모니터링에 대한 전망

- 바이오 의학, 스마트 센서, 무선 커뮤니케이션은 현재 인체를 항상 모니터링할 수 있을 정도의 능력을 갖춰가고 있다.
- 신체 모니터링이 활성화될 경우 보건의료전문가들은 인체에 질병이 발생하기 전에 그것을 잡아낼 수 있는 능력을 보유하게 될 것이다.
- 일부 장비들은 벌써 시장에 소개되어 만성질환자들의 건강에 기여하고 보건의료를 개선하고 있으며, 생명 연장을 위해 적절한

시기에 강력하고 자연스러운 기술을 제공하고 있다.

- 모니터링 장비들은 아직 체액 작용, 감염 방지, 데이터 전송과 관련된 도전들을 정복해야 하지만, 이 가치 있는 콘셉트는 훌륭한 예방 도구이고 건강상의 위험에 신속히 반응하는 시스템으로 기능할 것이다.

- 마요 클리닉(Mayo Clinic)의 내과의사인 필립 하겐(Philip Hagen)은 "환자가 좋은 장비를 적절히 사용하게 되면, 우리는 원거리의 진료도 가능해질 것"이라고 말했다.

(테크놀로지 리뷰, 2009)

건강수명 120세를 향하여

2021년 인구 1,000명당 사망자 수를 뜻하는 조사망률이 6명을 넘어섰다. 암이 사망 원인 1위를 유지한 가운데 알츠하이머병으로 인한 사망률도 가파르게 증가하고 있다. 꾸준하게 줄어들던 당뇨로 인한 사망률은 약간 올랐고, 2019년 크게 줄어들던 간 질환으로 인한 사망도 예년 수준으로 돌아왔다.

통계청이 발간한 '2021년 우리나라 사회지표'에 따르면, 사망자 수는 31.8만 명으로 2020년 30.5만 명에서 4.2퍼센트 증가했다. 그런 가운데 2020년 기준 기대수명은 83.5세로 2019년보다 0.2세 증가했으며, 남성이 80.5세, 여성이 86.5세로 2017년 이후 4년 연속 6.0세의 차이가 유지되었다.

사인별로 보면 암에 의한 사망률이 1위다. 2015년 인구 10만 명당 150명을 넘어선 암 사망률은 코로나에도 지속하여 증가하여 2020년에는 160.1명으로 5년 사이에 10명이나 늘어났다. 성별로는 남성이 198.5명으로 200명에 가까웠고, 여성은 121.9명으로 상당한 차이를 보였다.

우리나라 남자 3명 중 1명, 여자 4명 중 1명은 암으로 사망한다.

화학자들에 따르면 인간은 건강을 잘 유지하면 120살까지 살 수 있다. 하지만 세계에서도 가장 높은 편인 한국인의 기대수명은 아직 85세를 넘지 못했다. 게다가 어떤 이들은 유전적인 결함과 기형을 안고 태어나기도 한다. 또 건강한 사람 중에서도 특정 질병에 걸린 위험도가 높은 유전자를 가지고 태어나는 경우가 적지 않다. 건강수명 120세는 커녕 기대수명을 채우는 일도 만만치 않다. 하지만 내가 앞으로 걸릴 확률이 높은 질병을 미리 알 수만 있다면 건강수명 120세도 한낱 꿈만은 아닐 것이다.

가령, 암은 유전자 검사를 통해 유전자 변이가 발견될 경우 발병확률이 80퍼센트 이상이라는 것이 학계의 정설이다. 그중에 대표적인 것이 대장암인데, 대장 내에 수백 개의 작은 혹이 생기는 가족성 용종증이 발견된 사람의 경우 대장암에 걸릴 확률이 거의 100퍼센트다. 또 유전자 검사 결과 유방암 역시 85퍼센트 이상이 유전되는 것으로 밝혀졌다. 유방암에 걸린 어머니가 있고 흡연을 하는 여성이라면 유방암에 걸릴 확률이 더욱 높아진다.

이 밖에도 유전되는 것으로 알려진 질환은 무려 4,000종이 넘고, 그중에 유전자 구조가 밝혀진 질환만 해도 730종에 이른다. 또 대물림되는 것으로 알려진 암도 10종이나 된다.

한국인이 가장 많이 걸리는 암 가운데 위암도 유전성 암이라는 결론이 났다. 그러니까 형제나 부모 중에 같은 암에 걸린 사람이 두 명이상 있거나 비교적 이른 나이인 20대나 30대에 암에 걸린 사람이 있다면 자신에게도 암 유전자가 있을 확률이 매우 높다.

예방의학으로서의 DNA 서비스

예방의학으로서의 DNA 분석 과정은 단순히 질병을 예상하는 것에 그치지 않는다. 예방을 목적으로 각각의 질병 가능성을 진단하고 나아가 그 질병을 예방할 수 있는 상세한 헬스 프로그램을 종합적으로 제시하는 것이 그 목적이기 때문이다. 예방의학적 DNA 프로그램은 5단계 과정으로 진행된다.

● 1단계 : 고객 DNA 문진 및 건강지표 분석

● 2단계 : 고객 유전자 정보 의뢰

● 3단계 : 유전자 검사 분석

● 4단계 : DNA 맞춤 상품 서비스 제안

● 5단계 : 주간/월간 DNA 서비스

엔젤 푸드로
유전자 결함을 메운다

영양 불균형 시대의 현대인

현대인은 다이어트, 인스턴트 식품, 스트레스, 불규칙한 생활습관, 흡연 등으로 몸의 영양 불균형을 재촉하고 있다. 음식문화는 풍요로워졌지만, 막상 그 때문에 영양 불균형에 걸렸다는 사실은 깨닫지 못하는 것이다.

"암은 대부분 30~40년 전에 먹은 음식이 원인이 되어 발병한다."

암 연구의 세계적 권위자인 윌리엄 리진스키 박사의 경고다. 암의 예방과 치료에 DNA 분석과 같은 최첨단 기술이 상용화되고 있지만, 이런 분석 결과가 효과를 발휘하기 위해서는 반드시 생활 전반의 예방이 앞서야 한다.

그런 의미에서 음식 균형과 적절한 식이요법은 백 번 강조해도 지나치지 않다. 질병이란 결국 음식 불균형으로 인한 면역 기능의 저하, 나아가 소화 효소가 부족해지거나 과다 또는 결핍으로 인해 세포가 망가지는 것이기 때문이다.

가령, 혈압과 동맥의 문제라고 여겨지는 협심증을 봐도 그렇다. 협심증은 심장에 영양소를 보급하는 관상동맥에 지방 찌꺼기가 쌓여서 생기는 병이다. 다시 말해 그 근본 원인은 단순히 혈압이나 동맥에 있지 않고 영양의 흐름이 원활하지 않거나 지방을 과잉 섭취하는 데에 있다.

좋은 섭식 습관이 유전자 변이를 막는다

우리 인체에는 60조 개의 세포가 살고 있는데, 이 세포들은 자기복제를 통해서 생명을 유지한다. 그리고 암세포는 세포분열이 고장 나서 생기는 것인데, 사실상 우리 몸에서는 1,000~10,000번이나 암을 유발할 수 있는 DNA 고장이 일어난다. 그런데도 암에 걸리지 않는 것은 DNA의 자가 수리 기전과 면역계의 감시체계가 빗발치는 유전자 손상을 통제하기 때문이다.

실제로 근래 가장 중요한 화두는 면역력이다. 면역계는 20조여 개의 세포로 이루어지는 바이러스나 암세포 같은 해로운 세포를 공격하는 군대의 역할과 나쁜 세포나 바이러스를 몸 밖으로 끄집어내는 쓰레기 처리 역할을 행한다. 이때 적절한 영양 공급은 제 역할을 하지 못하는 이 면역세포들의 양과 질을 개선하여 나쁜 세포와 싸울 수 있는 능력을 키워준다.

암도 마찬가지다. 만일 암세포가 처음 자리를 잡고 성장하기 시작할 때 면역계가 제대로 작동하면 그 암세포는 곧 사라지겠지만, 눈으로 보일 만큼 커져 있다면 면역체계가 고장 난 것이다. 질병은 결국 우리 몸에 필요한 구성 물질의 평형과 균형이 흐트러지고 오염된 영양소의 섭취 등으로 면역체계가 약해질 때 일어난다.

암 치료라면 브리스톨암센터가 주목받고 있다. 이 센터는 자연식이요법으로 암을 치료하는 데 주력했다. BBC의 저널리스트 브랜트 키드만이 이곳에서 암 치료를 받고 기적적으로 완치된 뒤 자신의 경험을 담은《암 영양요법》을 펴냈다.

브리스톨암센터의 포브스 박사에 따르면 우리 신체 내의 면역 시스템이 확실히 작용하고 있는 동안은 체내에 암세포가 생겼더라도 활성화되지 못하고 그대로 소멸해버린다. 그리고 이때 면역 시스템이 암세포를 구축하는 데 필요한 영양소와 에너지를 생채식을 통해 공급해주면 놀랄 만한 효과를 거둘 수 있다는 가정 아래 살구씨 요법, 포도 요법, 감자 요법, 미네랄 요법 등 자연식이요법을 통해 암세포를 죽이는 방법을 활용했다. 균형 잡힌 식사와 각종 미네랄 등의 식품 영양 성분으로 질병을 치유하는 일은 대증치료와 달리 원인을 인체 전체의 조직과 흐름에서 파악하는 데서 시작하는 치료법이다.

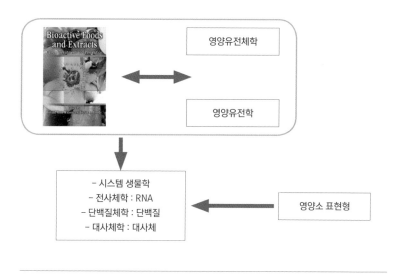

신의 밥상과 엔젤푸드

전에 TV 프로그램 〈신의 밥상〉이 높은 시청률과 함께 이슈를 일으
킨 적이 있었다. 이 프로그램에서는 각각의 연예인들의 유전자를 분
석해서 질병 가능성을 진단하고, 더불어 병의 진행을 막아주는 식이
습관을 제시했다. 고기를 자주 먹었을 때 암 발병률이 높은 사람에
게는 그 독성을 완화하는 채소를 권하고, 음주와 흡연이 잦아 위험
인자가 활성화될 위험이 있는 사람에게는 또한 그에 상응하는 음식
을 처방하는 등, 이 프로그램은 우리의 식이 습관 자체가 예방의학

이 될 수 있음을 보여주었다.

[TIP] DNA 상식
〈신의 밥상〉, 유전자 분석한
신개념 건강 프로그램에 도전

서울대 유전자연구소와 농림식품수산부가 함께 1년여 간의 준비 기간을 거친 초대형 프로젝트 〈신의 밥상〉의 MC들이 자신감을 내비치며 새로운 개념의 건강프로그램으로 정착할 수 있음을 시사했다.

지난 23일(2010년) 첫선을 보인 〈신의 밥상〉은 출연자의 DNA 검사를 통해 현재 건강 상태와 향후 의심되는 병까지 점검하고, 이를 예방하기 위해 꼭 먹어야 하는 먹을거리를 제시한다.

이 프로그램의 MC를 맡은 신동엽은 25일 서울 상암동 DMS센터에서 열린 〈신의 밥상〉 간담회에서 이렇게 말했다.

"유전자 검사를 통해 좀 더 구체적인 의학 정보, 건강 정보를 주는 프로그램이다. 과거에는 재벌 등 돈 많은 분이 일본 등 해외로 나가 수억 원을 들여 유전자 검사를 했다고 한다. 그런데 그 유전자 검사 비용이 많이 저렴해져 이런 프로그램도 선보이게 된 것

같다. 물론 여전히 검사 비용이 수천만 원대이기 때문에 일반인이 검사를 받기는 어렵지만. 좀 더 시간이 흐르면 대중화되지 않을까 싶다. 그러면 검사표를 들고 식당에 가면 사람 몸에 맞는 음식이 나올 수 있는 등 모든 사람이 자신의 몸에 맞는 맞춤형 식단을 짤 수 있을 것이다."

프로그램에 패널로 출연한 탤런트 조형기는 또 이렇게 말했다.

"사실 일정이 맞지 않아 이 프로그램에 출연하지 못한다고 했다. 그런데 제작진에서 수천만 원대의 유전자 검사를 해준다고 해서 일단 무조건 피부터 뽑고 결정하자고 했다. 담배를 안 피우시는 우리 아버지도 폐 질환으로 돌아가셔서 나도 폐가 약하지 않을까 하는 우려가 있다. 그런 것을 프로그램에서 알려주니 시청자도 관심이 많을 것 같다. 우리 프로그램에서는 '9988' 전문가 집단이 있는데, 이는 99세까지 팔팔하게 살자는 의미다. 유전자 검사를 떠나 몸에 좋은 우리 먹을거리를 소개하고 건강 정보를 주는 유익하고 유쾌한 프로그램이다."

여기에 MC 신동엽은 이렇게 덧붙였다.

"평생 술, 담배를 안 하신 우리 어머니가 간암으로 돌아가셨다. 그래서 나 역시 유전적으로 간이 좋지 않은 것은 아닐까 늘 걱정이 된다. 나도 피를 뽑았지만, 아직 내 유전자 검사 결과는 나오지 않았다. 결과가 나오면 우리 프로그램 전문가들에게 자세하게 묻고 싶다."

- (국민일보 쿠키뉴스 유명준 기자, 2010. 06. 25)

유전자가 우리의 미래와 질병을 말해줄 뿐 아니라 이것을 다양한 식이 개선을 통해 충분히 예방할 수 있다는 사실이 속속 증명되고 있는 요즘, 실제로 많은 환자가 자신의 병을 영양의 균형과 식이 개선을 통해 치료하고 있다.

물론 '식단을 개선하고 영양의 균형을 이루는 것만으로 어떻게 암을 치료할 수 있을까', 의심하는 사람도 많을 것이다. 우리나라에서 암 환자를 위한 영양요법을 전문적으로 실시하는 병원이 거의 없는 것도 식이 개선만으로는 암을 고칠 수 없다는 편견 때문이다.

하지만 암 환자에게 있어 영양 공급은 가장 중요한 치료법 중 하나다. 또 어떤 치료 방법을 택하든 영양 공급이 우선시되어 시행되는 치료가 예후가 좋고 완치율이 높을 수밖에 없다는 점도 기억해야 한다. 이는 실제 통계에서 암 환자의 40퍼센트 이상이 영양실조로 사망한다는 것만 봐도 알 수 있다. 또 투병 중 적절한 영양요법을 시행한 환자는 다른 환자보다 완치율이 훨씬 높다는 것도 여러 연구를 통해 증명되었다.

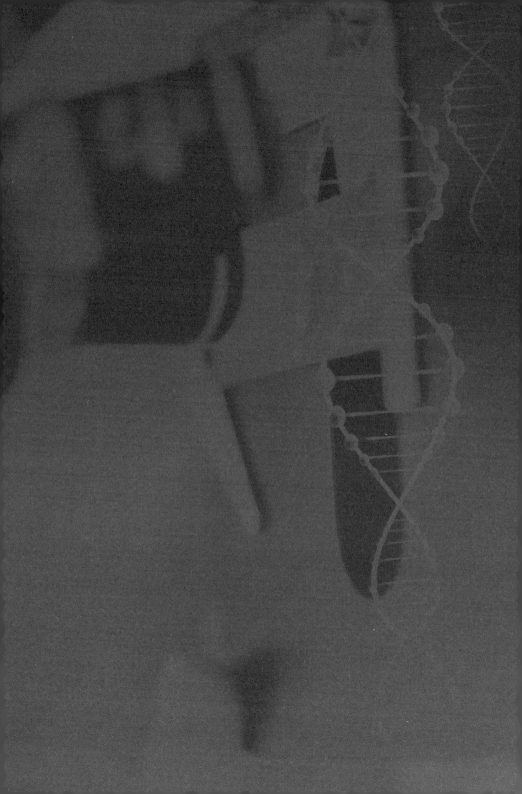

6장

헬스 스캔 유전자 서비스 시작

인간 유전자는 30억 개의 DNA로 구성되어 있고, 이 30억 개의 DNA 전체를 게놈이라고 한다. 만약 이 게놈 지도를 세밀하게 그릴 수 있게 되면 그 사람의 질병에 대한 정보를 미리 알고 적절히 대처할 수 있는 능력을 갖추게 된다.

1.
헬스 스캔의 인간 게놈 분석 프로젝트

유전자 분석을 선도하는 헬스 스캔의 개발

헬스 스캔은 유전자 분석 서비스로, 질병의 치료에 앞서 예방을 더욱 중요하게 생각하는 추세에 따라 개별맞춤 건강관리 서비스 제공을 목표로 만들어진 프로그램이다. 앞서 설명한 유전자 분석 프로그램을 예방의학으로 전문화한 것이다.

이 같은 유전자 분석 프로그램은 개인의 유전정보 암호화 기술을 통해 고객에게 안전한 서비스를 제공하고 있으며, 유전체 연구와 관련된 원천기술 및 특허권 확보, 천연 소재 연구개발을 통해 삶의 질을 향상하는 것에 초점을 맞추고 있다.

유전자 분석 서비스의 효과

타입	혈액채취	구강채취(Oral Collection)		
	정액	구강세척	구강면봉	큐브메디컬 유전자 검사
완벽한 비침습성	×	×	×	○
높은 처리량 처리를 위한 표준형	○	×	×	○
실온에서의 검체 안정성	weeks	weeks	days	**Years**
낮은 세균 함유량	○	×	×	○
DNA 수율	30ug	3.5ug	2ug	**55ug**
샘플 크기	1ml	1ml	1swab	**1swab**
분자량	〉23kb	〉23kb	〉23kb	**〉23kb**
부대 처리 / 운송장비 불필요	×	○	○	○
낮은 오염율	×	○	○	○
영유아 적용 가능성	×	×	×	○
전체 사용자 이용 가능성	×	×	×	○

　　헬스 스캔은 단 1회의 유전 분석만으로 다음과 같은 이점을 얻을
수 있는 서비스다.

　- 개인의 유전정보를 안전하게 관리할 수 있다.
　- 자신의 유전적 특성을 이해할 수 있다.
　- 가족 및 혈연관계에 대한 유전적 커뮤니티를 형성할 수 있다.

- 유전정보를 통해 건강한 삶을 영위할 수 있다.

유전자 분석의 2가지 서비스

1. 유전체 분석을 통한 건강관리 서비스 분야
– 개인 유전정보 서비스
– 건강관리 프로그램 개발을 통한 고객가치 창출
 (특화 서비스, 케어 프로그램)

2. 유전체 분석을 통한 건강관리 서비스 분야
– 천연 소재 연구를 통한 고기능성 식품의학 실천
– 유통전략 수립 공동 브랜드화
– 산학연 공동 제조 / 연구 / 개발을 통한
상생 협력

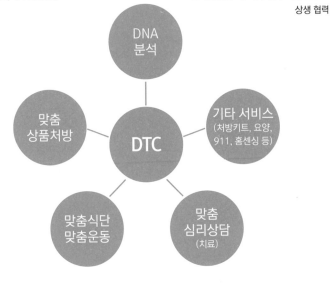

DNA 분석은 어떻게 이루어질까

유전자를 분석하려면 가장 먼저 세포를 채취해야 한다. 혈액이나 구강상피세포 등에서 추출한 극소량의 DNA를 원하는 부분만 최대 증폭시켜 변이를 분석하는 것이다. 혈액이나 머리카락을 취하기도 하지만, 입안 상피세포를 취하는 것이 일반적이다.

채취된 상피세포에는 소량의 유전자가 추출되는데, 종류가 30억 개인 만큼 확인할 부분을 먼저 결정하고, 이 부분만 증폭시키기 위한 특별한 시약들을 첨가한 뒤 복제를 기다린다. 이 과정에서 이렇게 100만 배 이상 증폭된 유전자를 전기영동 한 후 분석하는 것이 전체적인 프로세스다. 전기영동은 콜로이드 용액에 전극을 넣고 전압을 가하면 콜로이드 입자가 어느 한쪽의 극으로 이동하는 현상이다. 콜로이드 입자가 대전하고 있어서 생기는 현상으로, 단백질 분석에 유효하다.

① 구강상피세포 채취 후 세포를 모은다

버퍼가 포함된 원심분리용 튜브에 구강상피세포를 풀어준 뒤 원심분리기로 세포를 모은다.

② DNA를 추출한다

DNA 추출 키트를 이용해 다양한 시약과 다수의 원심분리를 통해 세포 속의 DNA를 뽑아낸다.

③ 시약을 투여한다

무균실에서 DNA 증폭에 필요한 시약들을 검사용 튜브에 넣어 조합한 뒤 DNA를 잘 섞어준다.

④ DNA를 증폭한다

이 혼합분을 DNA 증폭기기에 넣고 약 2시간 동안 3단계를 진행한다.

⑤ DNA 염색과 영동

증폭 과정이 끝나면 선택 증폭된 DNA를 PCR 로딩 버퍼라는 염료에 염색해 육안 확인이 가능하게 한 뒤 젤리 형태의 겔(gel)에 넣어 전기영동 한다.

⑥ DNA를 분석한다

적당한 시간 후 입자가 잘 분리가 되면 전기영동을 끝내고, 그 형상을 확인한 다음 데이터를 저장한다.

검체 재취방법

* 주의사항 *

□ 검체 채취 30분 전에는 음식물(커피 포함) 섭취, 흡연, 양치질 등을 삼가십시오.검체 채취 시, 상피세포가 아닌 외부 물질이 섞이면, 검사결과 정확도에 영향을 미칠 수 있습니다.

□ 채취 전, 냉수로 입을 헹구고 채취하여 주십시오. 구강에 염증이나 상처가 있으면 안 됩니다.

STEP 01

포장을 제거한 후 면봉을 만지거나 이물질이 묻지 않도록 조심하여 꺼냅니다.

(면봉을 직접 만지거나 다른 물건에 접촉되면 다른 DNA에 의해 오염될 수 있으니 주의해 주십시오)

↓

STEP 02

면봉으로 양볼 안쪽 전체와 혀를 각각 20회 이상 힘을 주어 골고루 문질러 준다.

↓

STEP 03

면봉을 용기에 넣고, 중간에 표시된 자르는 선에 힘을 주어 똑 부러트립니다.

(안에 용액이 들어있으니 주의해 주십시오.)

↓

STEP 04

뚜껑을 닫고, 인적사항을 적은 후, 검체의 변성을 막기 위해 실온에서 키트박스에 넣어 줍니다.

2.
유전자 서비스로
알아내는 질병

       유전자 서비스는 각각의 유전자 염기서열 분석을 통해 질병을 유발할 수 있는 SNP를 검색해 데이터로 만드는 작업이다. 유전자 분석을 통해 발생 가능성을 알 수 있는 질병은 50가지 이상으로, 한국인이 가장 많이 걸리는 암을 비롯해 고혈압, 동맥경화, 당뇨, 천식, 알츠하이머 등 주요 질환이 포함되어 있다. 다음은 헬스 스캔 유전자 분석을 통해 감지할 수 있는 질병 목록을 데이터로 만든 것이다.

질병

간암	뇌졸중	위암
갑상선암	뇌출혈	유방암
강직성 척추염	담석증	임신성 당뇨병
건선	당뇨성 신장병증	자궁경부암
고지혈증	대장암	자궁내막암
고혈압	디스크	제1형 당뇨병
골관절염	루푸스	제2형 당뇨병
관상동맥 질환	백반증	천식
구강암	병적근시	크론병
궤양성 대장염	비만	폐쇄성 녹내장
그레이브스병	식도암	폐암
기면증	심방세동	황반변성

신체적 특징

LDL콜레스테롤	쓴맛
골밀도(폐경기 여성)	알코올 중독성
귀지 타입	유당 분해
기억력	초경 시기
모발 굵기	키

3.

DNA 검사 서비스,
무엇이든 물어보세요!

Q : 유전자 분석, 왜 꼭 필요한가?

　A : 유전자가 중요한 이유는 인간의 생존에 꼭 필요한 여러 기능을 가진 단백질이 바로 이 유전자로부터 만들어지기 때문이다. 여기서 DNA는 유전자의 기본 단위 역할을 하는데, 이 DNA에는 개개별의 건강과 질병에 대한 수많은 정보가 담겨 있는 '몸의 블랙박스'라고 할 수 있다.

　앞서도 살펴보았듯이 우리 인간 유전자는 30억 개의 DNA로 구성되어 있고, 이 30억 개의 DNA 전체를 게놈이라고 한다. 만약 이 게놈 지도를 세밀하게 그릴 수 있게 되면 그 사람의 질병에 대한 정보를 미리 알고 그에 적절히 대처할 수 있는 능력을 갖추게 된다.

Q : SNP(Single Nucleotide Polymorphism, 단일염기다형성)**란?**

　A : 개개인을 비교하면 인종, 개인별로 0.1퍼센트의 염기 순서는

차이가 있다. 이렇게 개인별, 가계별, 인종별로 다른 염기 순서를 가지는 것을 SNP라고 부른다. 또한 중요한 역할을 하는 것을 코딩하고 있는 DNA중 일부가 변이(mutation)되어 특정 질병, 질환을 앓게 된다고 판단될 때 이를 그 유전자의 새 버전으로 인정하며 SNP라고 부른다. 염기 순서가 다른 모든 것을 SNP라고 부르지 않으며 개체군에서 1퍼센트 이상의 빈도를 가져야 한다.

Q : 암 유전자 검사의 종류는?

A : 암 관련 유전자 검사는 선천적 유전자 검사, 후천적 유전자 검사 두 가지로 나뉜다. 유전성이 강한 암과 관련된 유전자의 돌연변이 유무를 보는 유전성 검사, 현 상태를 파악하는 후천적 유전자 변이 검사가 있다.

Q : 후천적 암 유전자 검사의 원리는?

A : 혈액은 온몸에 흐르고 있으며, 혈액에는 노화로 파괴된 세포에서 나온 DNA, 염증세포에서 떨어져 나온 DNA, 양성종양에서 떨어져 나온 DNA, 암에서 떨어져 나온 DNA 등이 존재하는데, 이 DNA를 가지고 암관련 유전자를 분석하면 현재 상태를 추정할 수 있다. 메틸화검사, 후천적 유전자 돌연변이 여부 등을 알 수 있다.

Q : 과메틸화(Hypermethylation)가 무엇인가?

A : 유전자가 발현하기 위해서는 유전정보를 복사하여 단백질을

만드는 공장인 Ribosome에 전달하여야 하는데, 유전정보의 복사를 조절하는 Promoter 부위의 염기 중 시토신(C)에 많은 메틸기(-CH3)가 붙는 현상을 말하며 이로 인해 유전정보를 복사할 수 없게 되어 필요한 단백질을 만들어낼 수 없게 된다.

Q : 암 발생 원인은?

A : 발암물질, 방사선, 바이러스, 스트레스, 활성산소 등에 노출되면 유전자 돌연변이가 발생할 수 있다. 지속적으로 노출이 되면 암을 막아주는 유전자들(세포 주기조절, 암세포 사멸, 전이억제, 손상 DNA 복구)에게도 영향을 줄 수 있으며 제 기능을 못하게 된다. 암세포는 적정크기에서 사멸해야 하는 세포가 사멸을 하지 않고 계속 증식, 성장하는 특징을 가진다.

Q : 돌연변이(mutation)는 무엇인가?

A : 유전물질인 DNA의 염기 순서가 바뀌거나, 결실되거나, 첨가되는 방식으로 변화되어 원래의 염기서열을 갖지 않게 되는 것을 말한다. 돌연변이라고 하여 무조건 큰 병이나 질환이 발병하는 것은 아니다.

Q : 유전자 분석과 건강검진의 차이는 무엇인가?

A : 건강검진은 과거와 현재의 건강상태만 확인할 수 있지만 개인 유전정보 분석을 하게 되면 과거를 넘어 현재와 미래까지 내다

볼 수 있는 예측형 자료이기 때문에 아직 발견되지 않았다 하더라도 앞으로 발병할 수 있는 질병의 요인들을 바탕으로 예측, 예방을 할 수 있다.

Q : 결장암 가족력이 있다. DNA 검사로 암 발병 위험도를 알아볼 수 있을까?

A : 유전자 검사는 비단 결장암뿐 아니라 우리의 건강 지도 전체를 보여주며, 나아가 질병 진단과 예방에 적절한 나침반을 제시한다. 스티븐 이츠코비츠 박사의 북미연구팀이 대변에서 종양 DNA를 검출한 뒤 분석하여 결장암 여부를 알 수 있는 검사법을 개발한 바 있다.

기존의 유전자 분석은 물론이거니와 대변의 DNA를 검출하는 새로운 버전의 이 검사법은 간단하면서도 매우 정확한 방법으로 알려져 있다. 또 기존의 암 검사법보다 간편하고 암의 진행 시기와 위치, 환자의 나이와 상관없이 광범위한 암의 검출이 가능하고 가격이 저렴하다.

Q : 아버지가 술을 자주 드셨는데, 나도 알코올 중독이 걱정이다. 알코올 중독도 유전이 되는 건가?

A : 알코올 중독이란 술에 대한 의존 상태가 계속되어 스스로 술 마시는 것을 조절할 수 없는 상태를 말한다. 일단 알코올 중독이 되면 술에 신체적 내성이 생겨 같은 양의 술로는 만족감을 느낄 수 없어 점점 양을 늘리게 되고, 이후 체내 알코올 농도가 떨어지면 몸이 불편해지는 금단 증상이 나타난다. 알코올 중독은 여러 원인에 의해

유발되는데, 사회적·심리적·행동적 요소뿐 아니라 유전적 요소도 복합적으로 작용한다고 알려졌다.

최근의 많은 생물학적 연구에 따르면 알코올 중독이 유전적 영향을 받는다고 보고되고 있는데, 특히 가족 중에 알코올 중독이 있는 경우 그 위험도가 3~4배나 증가하는 것으로 알려졌다. 개인 유전체 분석 연구 결과가 발표되기 시작하면서 알코올 중독의 위험도와 연관성이 높은 몇 가지 유전 마커들이 밝혀졌다. 유전 마커란 재조합형이나 양친형을 검색하기 위한 실험에서, 유전학적 해석을 위해 표지로 사용하는 유전자를 말한다. 2007년 영국 브리스톨대학의 연구 결과를 살펴보면 11번의 염색체에 존재하는 DRD2 유전자가 그것이다. 이로써 현재는 이 유전 마커들을 분석함으로써 개인의 알코올 중독에 대한 위험성을 예측하고 그에 따른 예방을 도모할 수 있게 되었다.

Q : 유전자 분석에 응용된다는 PCR 기술에 대해 좀 더 자세히 알고 싶다.

A : 비록 소량이기는 하지만, 세포 등에서 DNA를 추출할 경우 우리는 게놈으로부터 30억 개나 되는 DNA를 살펴봐야 한다. 그러나 이 30억 개의 게놈 뭉치에서 알고자 하는 부분만 분리해서 확인하는 것은 매우 어려운 일이다. 이 때문에 전체 게놈에서 분석하고자 하는 극히 소량의 DNA를 증폭시켜서 대량 복제하는 기술이 중합 효소 연쇄 반응이라는 PCR(Polymerase Chain Reaction) 검사법이다.

PCR 기술을 고안한 생화학자는 케리 멀리스 박사다. 그는 얻고자 하는 미량의 유전자를 선택적으로 증폭시켜 분석하는 이 기술로 1993년 노벨화학상을 받았다. PCR 기술은 생물학, 유전학, 분자생물학 같은 자연과학 분야뿐 아니라 의학과 법의학에도 활용되는데, 의학적으로는 각종 질병 진단과 유전자 분석, 질병 예방에 널리 활용되고 있고, 정액, 혈흔 등에서 범죄의 증거를 찾는 법의학, 나아가 친자 확인과 고고학에까지 널리 이용되고 있다.

[TIP] 유전자 관련 용어 풀이	
유전자 Gene	부모에서 자손으로 전해지는 유전의 기능적이고 물리적인 단위. 구조 단백질이나 효소 같은 것을 만드는 정보와 같은 세포를 만드는 데 필요한 정보를 갖고 있는 DNA의 조각들.
게놈 Genome	유기체의 완전한 유전적 요소를 구성하는 DNA 코드. 유추하자면 한 사람을 인코딩하기 위한 정보 혹은 DNA의 완전한 정보 백과사전. 각각의 세포는 게놈을 포함하고 있으나, 오직 각 세포의 특정 기능에 관련된 게놈의 부분만을 사용할 뿐임.
DNA Deoxyribonucleic Acid	게놈을 형성하는 화학 물질. DNA는 4개의 특정 구성 성분 뉴클레오티드로 이루어짐. 구아닌(G), 아데닌(A), 싸이토신(C), 티민(T)
유전자 발현 Gene Expression	DNA로부터 단백질을 만드는 과정. 혹은 DNA 읽는 과정.

유전형 Genotype	유기체(혹은 게놈)의 내적으로 인코딩된 정보.
표현형 Phenotype	유기체의 밖으로, 신체적으로 드러나는 발현(환경과 유전형의 상호작용).
전사 Transcription	세포 내 핵 안에서 일어나는 DNA로부터 mRNA를 만드는 과정. 예를 들어 전사 동안 특정한 유전자에 대한 정보를 가진 DNA 부분이 mRNA 분자로 복사되는데, 이는 훨씬 적은 용량이며 세포 내에서 단백질이 만들어지는 곳으로 이동될 수 있음.
번역 Translation	mRNA로부터 단백질이 생성되는 세포 내에서 일어나는 과정, 이 과정에서 세포 내에서 쓰이거나 기능에 영향을 미치게 될 곳으로 이동할 특정 단백질을 만들기 위해 세포의 단백질 제조 공장에서 mRNA가 읽힘.
야생형 Wild-Type	하나의 특정 유전자를 위한 가장 흔한 DNA 서열, 이 용어는 과학 문헌에서 쓰일 때 주로 DNA 돌연변이의 확인을 위해 다른 서열과 비교할 수 있는 표준 서열을 규명하기 위한 비교 목적으로 쓰임.
돌연변이 Mutation	정의된 야생형(가장 흔한 서열. 그 유전자의 표준으로 간주되는)으로부터 개인의 DNA 서열(유전형)의 변화를 나타내는 일반적 용어. 이 변화는 표현형의 변화를 가져올 수도 그렇지 않을 수도 있음(예. 부분 돌연변이, 다수의 돌연변이, 삭제, 복사, 체세포 돌연변이).
SNP Single Nucleotide Polymorphisms	적어도 1%의 인구에서 일어나는 가장 흔한 서열과 비교해서 DNA 서열의 하나의 부분(하나의 염기쌍)에서의 변화, 가장 흔한 서열에서 만들어지는 것보다 더 혹은 덜 활성화된 단백질을 만들도록 하여 각기 다른 개인(즉, 생화학적 개별성) 사이에서 보이는 다양성의 많은 부분을 설명하는 것으로 여겨짐.

메디컬 메타버스 선도 '글로벌 K-병원' 만들자

유승철(이화여대 교수, 한국헬스커뮤니케이션 학회 이사)

병원으로 대표되는 보건의료산업은 미래의 먹거리이며 국가의 경쟁력이다. 리포트 링커의 조사에 따르면 세계 보건의료산업의 규모는 2018년에 이미 9조 5,000억 달러를 넘었다. 또 2013년 이후 연평균 5%씩 넘게 고속 성장 중이다. 선진국의 인구구조가 초고령화로 변화하는 추세 그리고 코로나19와 같은 신종 감염병에 확산까지 고려한다면 그 성장 속도는 더 가파를 것이다. 이런 배경에서 여러 지자체와 대학병원이 '메디클러스터'를 만들겠다고 선포하는 등 분주하다. 다행히 한국의 병원은 이미 해외에서 인정받고 있다. 국내 상위 7개 병원이 뉴스위크지 발간 '2021 세계 병원 순위'에서 100위권 내에 진입해 있을 정도다.

메타버스가 의료보건을 포함한 전 산업에서 화제다. 메타버스와 관련한 개념으로 '디지털 트윈(digital twin)'이 있다. 현실 세계에 존재하는 사물이나 시스템 또는 환경 등을 메타버스 가상공간에도 동일하게 구현하는, 즉 '메타버스 쌍둥이'를 만드는 것을 의미한다. 물리적 병원이 있다면 가상공간에도 유사한 기능을 담당하는 병원이 있어야 한다는 것이다. 세계적으로 선전하고 있는 우리 병원이지만 아쉽게도 디지털 트윈에서는 상당히 취약하다. 특히 글로벌 소통과 마케팅은 불모지와 다름없다. 외국어 홈페이지도 글로벌 대상의 소셜미디어 소통도 없는 병원이 절대 다수다. 우리가 자랑하고 싶은 'K-병원'이지만 우리만 알아주는 안타까운 현실이다.

검색창의 결과가 바로 병원의 '메타버스 디지털 트윈'의 실체다. 검색 결과로 등장한 병원 홈페이지와 동영상, 사회관계망서비스(SNS), 그리고 고객들의 리뷰 모두가 소비자의 의료 서비스 선택에 막대한 영향력을 행사한다. 이제 병원은 초국적으로 메타버스 공간을 드나드는 글로벌 고객들을 이해해야 한다. SNS 속 고객의 의견을 '소셜 리스닝'하는 데 힘을 더해야 한다. 고객의 이야기를 듣고 그를 기반으로 실제 병원과 디지털 트윈 병원에 변화를 주며 또 변화에 대한 추가적인 피드백을 참고해 성장하는 순환적 과정을 통해 병원의 디지털 트윈을 견고하게 구축해야 한다.

병원의 메타버스 전략은 다양하지만 강력한 디지털 트윈 병원 구축을 목표로 '병원 브랜드'를 만드는 데 집중해야 한다. 7만개를 상회하는 국내 병의원 가운데서 글로벌 소비자가 알고 찾아주는 병원은 손에 꼽는다. 글로벌 플랫폼이 주도하는 메타버스에서 디지털 마케팅은 국경이 없고 시간의 제약도 없다. 국내 병원들은 지금까지 국내 소비자라는 제한적인 시장만을 보고 출혈경쟁을 지속하지 않았을까? 세계적 수준을 자랑하는 한국의 'K-병원'이 메타버스라는 뜀틀을 통해 세계 시장으로 도약하고 또 한국의 국가경제에 기여할 수 있다면 어떨까? 여기에 한류 콘텐츠파워까지도 더할 수 있다면 금상첨화일 것이다.

'메디컬 메타버스'라는 이제 막 시작된 흐름을 'IT와 K-콘텐츠 그리고 첨단 의료'를 모두 겸비한 한국이 주도할 수 있을 것이라고 충분히 기대할 만하다. 정부도 과감한 의료 규제개혁과 의료 스타트업 지원을 통해 K-병원이 글로벌 브랜드 성장하는 것을 응원해주길 바란다.

출처 : 헤럴드 경제 2021년 11월 8일

7장

헬스케어와 메타버스 경제

메타버스 생태계는 지속해서 진화할 것이다. 하지만 최종적인 진화나 어느 임계점 이상의 발전을 이룬 메타버스 기술이 무엇인지 알아채려면 메타버스를 미리 삶에 조금씩 녹이며 각자에게 익숙한 영역으로 만드는 것이 중요하다. 젊은 세대일수록 회사의 노예가 되기보다는 르네상스형 크리에이터가 되고자 한다. 따라서 자연히 일의 형태가 달라지고, 회사형 인간은 점점 자취를 감추게 될 것이다.

1.

헬스케어가
돈이 된다고?

앞장에서 우리는 DNA 헬스케어에 전반적인 부분을 다루어 보았다. 이제는 헬스케어를 통해 비즈니스를 살펴보자.

이 질문에 대답하려면 먼저 관련 산업의 투자 움직임을 살펴보는 것이 좋겠다. 무엇보다 최근 코로나 팬데믹 국면이 장기화하고 있는 가운데 세계적으로 비대면과 정밀의료를 비롯한 첨단 헬스케어 산업에서 두각을 나타내는 국내 업체들이 연이어 대규모 투자 유치에 성공해 주목받고 있다.

디지털 헬스케어 커머스 기업 킥더허들(Kick The Hurdle)은 한화자산운용 및 나우IB로부터 80억 규모의 시리즈 B 투자 유치에 성공하며 누적 투자액 142억 원을 달성했다. 킥더허들은 약사가 설계한 합리적 건기식 브랜드 피토틱스 런칭을 시작으로 30종 이상의 제품 라인업으로 대폭 확대했고, 매년 300퍼센트 이상의 매출 상승을 달성하며 런칭 2년 만에 연 매출 100억 원대 브랜드로 성장했다. 이 회사 대표는 회사의 비전을 이렇게 밝혔다.

"대규모 투자 유치를 통해 국내 개인 맞춤 영양 플랫폼 시장을 선점한 후 의료 데이터와 유전자 데이터를 통합한 딥러닝 기반의 개별 맞춤 영양 O2O(On-line to on-line) 플랫폼으로 성장시킬 예정이다. 나아가 비대면진료, 웰니스, 디지털 치료제 등 헬스케어와 관련한 전 분야를 융합하는 토털 디지털 헬스케어 플랫폼으로 발돋움하겠다."

정밀의료 분야 글로벌 선도 기업 아벨리노랩은 최근 1,800만 달러 규모의 프리IPO(Pre-IPO, 상장 전 지분 투자) 투자 유치에 성공했다. 이번 투자는 신기술사업금융사 크리스탈바이오사이언스와 사모펀드운용사 인피너티캐피탈파트너스가 공동으로 조성하는 투자조합이 아벨리노가 발행하는 전환사채에 투자하는 구조다. 투자조합에는 국내 유수의 기관투자자들이 투자자로 참여했다. 투자금은 방대하고 안전한 유전자 데이터베이스 구축과 정밀의료 분야의 복합 솔루션 개발에 쓰인다.

2008년, 한국에서 설립된 아벨리노는 라식, 라섹과 같은 시력교정 수술을 받는 환자에게 각막이상증 유전자 검사를 제공하는 서비스로 사업을 시작했다. 2011년에 미국 캘리포니아 멘로파크에 연구소를 개소했으며, 2015년에는 일본, 중국, 영국 등지에서의 사업 확장에 발맞춰 본사까지 이전했다.

그렇다면 메타버스도 역시 돈이 될까?

사실 헬스케어 경제는 미래 산업이라는 측면에서 메타버스 경제와 밀접하게 연결되어 있다. 미래 산업은 대부분 블록체인 기술과 빅데이터를 기반으로 탄생하고 성장할 것이다.

그렇다면 메타버스란 뭘까?

메타버스(Metaverse)는 가상과 초월이라는 뜻의 '메타(Meta)'와 현실세계를 의미하는 '유니버스(Universe)'의 합성어로, 지금 우리가 살고 있는 이 세상 위에 중첩되는 새로운 세상을 말한다. 메타버스는 흔히 가상현실(VR), 증강현실(AR), 라이프 로깅(Lifelogging), 거울세계(Mirror worlds)라는 네 가지 유형으로 나누어 설명된다.

메타버스는 현실과 가상이 만나는 접합점이고, 이 둘이 만나 경제 활동이나 어떤 행위들이 발생하는 것들을 총칭한다고 보면 된다. 따라서 메타버스를 하나의 기술로 보기보다는 포괄적인 현상이나 개념으로 보는 것이 타당하다.

코로나 사태 이후 언택트 사회가 계속되고 비대면 기조가 보편화하면서 대세로 떠오른 것이 바로 메타버스이며, 스마트폰 등 IT 기술과 인프라의 발달로 시공간을 초월해 만나는 메타버스가 우리 일상으로 빠르게 스며들고 있다.

그렇다면 가상세계와 현실세계를 이어주는 강력한 매개는 무엇일까? '라이더'(배달)와 '가상화폐'다. 그런 측면에서 뜨고 있는 기업이 온·오프라인을 연결하는 배달 관련 물류 업체다. 이 기업들 자체가 온·오프라인 세계를 이어주는 커넥터가 된다.

여기에 또 하나 대두되는 산업 영역이 블록체인 기반의 가상화폐다. 이미 디지털현금(신용카드 등)을 모두 사용하는 상황이지만, 더욱 언택트 지향 시대에 맞는 결제방식으로 선호될 것이다.

이렇게 메타버스는 기존 화폐의 형태 전환이라는 측면에서도 극적인 변화를 예고하고 있다. 지금은 게임과 NFT 거래에 해당하는 가상화폐를 지엽적으로 유통하는 데 그치고 있지만, 각국 중앙은행이 시도하고 있는 디지털화폐로의 전환과도 연결될 수밖에 없다.

최근에 가상화폐는 전혀 새로운 전기를 마련하게 되었다. 메타버스(가상현실)의 대표적 기업 로블록스 내에서 쓰이는 가상화폐 '로벅스' 다. 로블록스는 현실 화폐와 적정 환율의 환전이 가능하다는 엄청난 힘을 갖게 되었다.

국내에서는 네이버, 카카오, 쿠팡 역시 가상화폐 혹은 페이 지불수단을 론칭했거나 론칭을 계획하고 있다. 하지만 해당 기업들은 가상화폐 이전에 페이 지불수단을 먼저 확대하고 있다. 네이버와 카카오페이의 소액 후불 결제 기능 확대는 카드의 소멸과 페이 시장 활성화를 가져올 것이고, 이는 디지털화폐 개혁과 가상화폐 본격 도입을 위한 신호탄이 될 것이다.

정부의 디지털화폐 전환은 인프라 사업으로 국가재정이 투입되고, 투명성이 보장되며, 자금 추적이 가능한 공식통화로 자리매김할 것이다. 민간 가상화폐는 탈중앙화로 익명성이 보장된다. 따라서 중앙은행 디지털화폐와는 다른 용도로 쓰일 여지가 크고, 외국에서도 환전의 번거로움 없이 간편하게 사용할 수 있다. 물론 양성화될 수 없는 검은돈의 은닉이 가능하겠지만, 익명성과 거래의 초간편성으로 인해 민간 가상화폐의 글로벌 활용이 앞당겨질 것이다.

3D 언리얼엔진 에픽게임즈의 CEO 팀 스위니는 메타버스를 이렇게 정의했다.

"우리는 단순히 3D 플랫폼과 기술 표준을 만들려는 것이 아니다. 공평한 경제체제를 만들어 모든 창작자가 이 경제체제에 참여하여 콘텐츠를 만들고, 보상을 얻게 할 것이다. 이 체제는 모든 소비자가 공평한 대우를 받으며 대규모 사기, 편취, 부정행위가 일어나지 않도록 투명해야 한다. 또 메타버스 플랫폼에서 자유롭게 콘텐츠를 발표하고 이를 통해 이윤을 얻도록 반드시 규칙을 정해야만 한다."

이런 맥락의 메타버스 플랫폼에는 반드시 블록체인 기반 가상화폐가 탑재되어야 한다. 메타버스는 새로운 산업 생태계의 태동 단계에 있으므로 초기에 많은 자본이 필요할 것이다. 투여된 자본의 크기가 커지면 커질수록 증폭하는 매몰 비용으로 인해 역설적으로 지속 가능성이 더욱 탄탄하게 담보될 것이다.

2.

헬스케어와
메타버스

메타버스는 원래 게임이었다. 메타버스는 게임과 같이 재미를 주는 가상공간과 결합해 발전할 가능성이 크다. 특히 게임 내 활동과 이로 인한 보상이 현실 교환가치를 갖는 순간 재미 혹은 경제적 이득이라는 명확한 목표 덕분에 폭발적으로 성장할 것이다.

여기에 코로나 팬데믹으로 인한 비대면 활동의 일상화로 대부분의 모임 행사의 장으로서 가상세계를 주목하는 현상이 나타났다. 또 기업들도 현실 배우를 통해 광고를 진행하기보다는 가상 모델(디지털 휴먼)을 만들어 스토리텔링하려는 움직임이 확대되고 있다.

실제로 게임 플랫폼 중에서 공연, 행사와 같은 자유로운 교류가 가능하거나 게임 내 가상자산을 통해 수익을 창출할 수 있는 플랫폼들이 메타버스로 불리고 있다.

이로 인해 게임과 메타버스는 구분해서 바라보아야 한다는 시각이 있기도 하다. 2021년 8월 로블록스가 한국 진출을 공식 선언하자,

국회 입법조사처는 메타버스 자체는 게임이 아니고 게임을 제공하는 플랫폼이라는 입장을 명확히 밝혔다.

오늘날 주목받는 대표적인 메타버스 게임들이 각기 어떤 특성을 갖는지 살펴보자.

로블록스는 메타버스 플랫폼을 가장 잘 구현한 사례로 알려졌다. 엄밀히 말해 게임을 제공하지 않고 레고 모양의 아바타가 가상세계를 탐험하는 소셜 플랫폼이고, 게임은 사용자가 직접 설계하고 판매하도록 유도한다. 로블록스 내에서 사용자가 업로드한 게임 숫자는 2022년 1월 기준으로 6,000만 개 이상이다. 전업 개발자만 150만 명이 넘고, 사용자가 로블록스에 머무른 총 시간은 150억 시간이 넘는다. 이용자는 대부분 10대이며, 특히 미국 어린이의 3분의 2 이상이 현실 친구를 만나는 시간보다 로블록스에 쏟는 시간이 많다.

그런데 로블록스가 메타버스 플랫폼을 구체화한 존재라는 주요 근거는 무엇일까?

먼저, 게임 공급자와 수요자를 연결해주는 전형적인 플랫폼 성격을 가진다. 이를 위해 코딩이라는 기술적 제한을 없앴고, 결국 끝없이 생산되는 콘텐츠 덕분에 콘텐츠의 고갈을 걱정할 필요가 없게 되었다. 영상 콘텐츠 플랫폼인 유튜브와 같은 방식으로 게임 콘텐츠를 다룬다.

다음, 로블록스는 가상화폐 유통 시스템을 구현하고 있다. 사용자는 '로벅스'라는 가상화폐로 아이템 구매를 하고 유료 게임을 즐길 수 있다. 게임 내 콘텐츠 제작자는 보상으로 로벅스를 받기도 하지만, 로벅스로 제작을 위한 틀을 구매하기도 한다. 로블록스 내에서 사용자가 게임 및 아이템을 구매하면, 이를 제공한 콘텐츠 제작자에게 판매 수익의 일부를 돌려준다. 로벅스는 일정 금액 이상이 되면 자체 환전소를 통해 현금으로 인출할 수 있다. 이때 로블록스 역시 다양한 거래에 따른 일정한 수수료를 받는다.

결국 로블록스 플랫폼 생태계를 성장시켜 로벅스를 많이 쓰도록 하고, 사용자 간 거래를 늘려 수수료를 받으면서 로블록스 내 경제 활동이 계속되도록 유도하는 것이다.

미국에 로블록스가 있다면, 한국에는 제페토가 있다. 제페토는 게임이라기보다는 3D 아바타를 기반으로 한 SNS 서비스에 가깝다. 개성 있게 꾸민 나만의 아바타로 가상공간 이곳저곳을 누비거나 타인과 소통하는 것이 주요 콘텐츠다. 역시 주 이용층은 10대로 2억5,000만 명의 글로벌 가입자 중 80퍼센트가 미성년자다.

따라서 젊은 소비자에게 어필하는 콘텐츠가 주를 이룬다. 엔터테인먼트, 소셜 활동, 사용자 창작 콘텐츠 등이다. 이는 제페토가 그동안 YG, 빅히트, JYP 등 엔터테인먼트 회사로부터 170억 원의 투자를 받은 배경이기도 하다. 가령, 글로벌 K팝 스타 블랙핑크의 가상 팬 사인회와 아바타 공연은 각각 3,000만, 4,000만 뷰를 넘겼다.

이러한 영향력 때문에 제페토에는 현실 기업들이 다수 입점해 있다. 구찌, 나이키, 디즈니 등이 매장을 열고 의상과 액세서리를 판매하는가 하면, 한강을 배경으로 한 맵에서는 CU 제페토 한강공원점이

영업한다. 구찌의 신상품을 전시한 제페토 내의 가상공간 '구찌 빌라'의 한 달 방문객이 130만 명을 넘는 등 관심이 폭발하기도 했다.

제페토 역시 세계관 내에서 사용할 수 있는 가상화폐 '젬'과 '코인'을 갖고 있다. 사실 네이버는 따로 가상화폐 '라인'도 가지고 있다.

공연 사례로 떠오르는 '포트나이트'는 원래 3D 언리얼엔진으로 유명한 에픽게임즈의 1인칭 슈팅 게임이다. 쉽게 말하면 캐릭터를 선택하고, 무기를 들고 돌아다니며 싸우는 게임이다. 그런데 코로나로 미국 유명 힙합 가수 트래비스 스콧이 포트나이트 안에서 가상 콘서트를 열어 대박을 쳤다.

스콧은 포트나이트 세계관 내 비무장 지대인 파티로얄 무대에서 9분씩 5회에 걸친 45분 공연으로 2,000만 달러를 벌어들였다. 이는 그의 오프라인 공연 대비 10배 이상의 매출이다. 당시 동시 접속자는 최대 1,230만 명, 누적 관람자 수는 2,770만 명에 이르렀다. 2022년 1월 유튜브 동영상은 1억 뷰를 넘겼다. 이후 BTS도 포트나이트 파티로얄에서 〈다이너마이트〉의 안무를 공개했고, 팝스타 아리아나 그란데 역시 같은 가상 무대에서 공연했다.

가상세계에서 현실과 연동되는 수익을 창출할 수 있다는 점은 사용자 유인과 체류, 그리고 플랫폼 지속성을 유지하는 데 강력한 요인이 되어 공급과 소비가 다대다(n:n)로 성장하는 전형적인 플랫폼화의 길을 걷게 된다.

전통적인 콘텐츠 생산자와 소비자가 정해져서 유통되던 구조는 이미 유튜브를 통해 경계가 허물어졌다. 이를 가능케 한 핵심적인 요인이 바로 '개인 콘텐츠 생산자에게 분배한 수익'이다. 콘텐츠 관련 산업에서 기업 역량은 사용자가 참여하여 직접 콘텐츠를 생산할 수 있도록 하는 플랫폼을 만드는 데 집중되고 있다.

메타버스가 기존 게임과 다른 점은 역시 보상과 자율성이다. 콘텐츠, 지적재산권(IP) 활용, 다양한 콘텐츠 간 결합의 폭도 넓어지고 있다. 점점 콘텐츠 다양화를 끌어내는 주체는 기업이 아니라 사용자가 되고 있다.

메타버스와 함께하는
투자법

인간의 언어로 정의하기 힘든 어떤 것을 이해하려고 골머리를 앓는 것보다는 그것이 자기 삶에 끼치는 영향을 분석하고 이득을 보는 쪽으로 전략을 세워나가는 것이 좋지 않을까.

우리가 어떤 대상에 투자할 때 일반적으로 떠올리는 관점과 아예 떠올리지 않는 관점이 있다. 경로에 얽매여 편향된 관점에 매몰되기 쉽다는 말이다.

먼저 다소 부정적인 사람이 투자대상을 보면서 확인하는, 과거 가격에 대한 관점이 '경로에 얽매이기' 또는 '보유 효과'다. 이는 과거의 자산가격, 또는 특정한 아이디어에 간섭을 받고 매몰되는 성향을 가리킨다. 사실 경로에 얽매이지 않는 사람은 드물지만, 두 얼굴의 투자자로 불리는 조지 소로스는 오늘과 내일의 견해가 다른 사람이었으며, 이런 성향이 그를 살아남도록 했다.

조지 소로스(George Soros, 1930~)

소로스는 한편에서는 악마로 불리지만, 다른 한편에서는 천사의 얼굴을 한 세계적 자선사업가로 불리며 계속된 기부로 기부 누적액이 현 자산액의 절반이 넘는 72억 달러에 이른다.

소로스는 1930년 헝가리 부다페스트에서 유대인 변호사의 아들로 태어났다. 1944년 나치가 유대인 탄압을 시작하자 수용소행을 피하려고 공무원의 양자로 입적하여 출신을 숨겼다. 1947년 헝가리가 공산화되자 영국으로 떠난 그는 짐꾼, 웨이터 등으로 일하며 학비를 벌어 런던정경대학과 대학원을 졸업했다. 철도 노동자로 일하다 다쳤을 때 사회보험 혜택을 받지 못하자 병실에 누워 성공하면 반드시 자선사업을 하겠다고 다짐했다.

소로스는 재학 중에 《열린 사회와 그 적들》로 유명한 철학자 칼 포퍼의 가르침을 받고 감명을 받아 '열린 사회' 구현을 위해 노력했다. 주요 무대는 자신의 고향인 사회주의 체제하의 동유럽이었다. 1969년 짐 로저스와 공동 설립한 퀀텀펀드가 10년간 연평균 35퍼센트의 수익률을 내며 대성공을 거두자 그는 열린사회기금을 창설하고 헝가리에 소로스 재단을 설립했다.

경로에 얽매여 보유 효과를 벗어나지 못하면 투자 마인드를 탑재하기가 어렵다. 특히 자신이 앵커링되어 있는 주식이나 주택가격이 있다면 얽매이지 않기가 정말 어렵지만, 이를 극복하면 더 많은 것을 보게 될 수도 있다. 앵커링(anchoring)은 행동경제학에서 말하는 정박 효과로, 협상 테이블에서 처음 언급된 조건에 얽매여 크게 벗어나지 못하는 효과를 뜻한다.

자신이 경로에 얽매이는 사람인지는 간단한 사고실험으로 판별할 수 있다. 가령, 내가 주택을 10억 원에 샀는데, 부동산 경기가 좋아져 20억 원으로 가격이 올랐다. 만약 이 주택을 10억 원에 사지 않았다면, 현재의 가격인 20억 원을 주고라도 이 주택을 구매할 수 있을까? 구매하지 않겠다고 대답한다면, 예전 주택가격에 얽매인 것이다.

사람들 대부분은 앵커링된 가격에 얽매이지 않기란 쉽지 않다. 시간이 좀 흐른 후 받아들일 순 있더라도 지금 막 상승한 자산가격을 아무리 상승 추세라 해도 매수하기는 어렵다.

그런데 이런 태도를 재고하라고 하는 이유는 메타버스, NFT, 가상화폐가 실질적으로 활용되기 시작한 이후에는 많은 것이 상상 그 이상이 될 수 있겠다는 판단 때문이다. 가령, 실물경제 소매업 상황이 어려운 것은 사실이다. 이런 소매업 서비스가 대부분 가상 서비스 영역으로 이전되어 가고 있기 때문이다. 이처럼 막대하게 풀린 유동자원이 실물경제로 향하지 않고 가상경제로 향하고 있다. 경로에 얽매여 과거 방식을 답습한다면 시간이 지나면 지날수록 힘든 상황을 맞이할 가능성이 커진다.

이런 관점과 반대로, 다소 낙관적인 사람이 투자할 때 전혀 떠올리지 않는 관점은 어떨까? 이른바 성공은 몇만 개의 무덤 위에 서 있다는 관점이다. 사람들은 눈에 보이는 성공에만 집착할 수밖에 없다. 게다가 실패한 사례는 성공한 사례와 달리 기록되지 않고 사라지게 마련이다.

어떤 투자전문가는 펀드 역시 운이 지배한다는 사실을 인지하고, 일부러 실적이 나쁜 펀드에 투자하기도 한다. 이것은 실적이 좋은 펀드를 해지하여 실적이 나쁜 펀드에 투자하는 방법으로, 실적이 나쁜 펀드를 해지하여 실적이 좋은 펀드에 투자하는 전통적 방식과는 정반대의 방식이다.

어떻게 보면 실패한 사례 역시 운이 좋아지거나 경제환경이 바뀜에 따라 성공한 사례가 될 수 있다는 견해가 작동한 투자 방향일 수 있다. 하지만 땅에 묻혀 통계 표본에도 잡히지 않는 도중에 청산된 펀드들을 고려하기는 힘들다. 청산되지 않고 회복된 펀드들은, 어느 시점에는 실적이 나쁠 수 있지만 이후 실적이 회복된다면 기저효과로 인해 수익률이 높은 것은 당연하다.

이런 보이지 않는 사례들을 인지하는 것은 매우 힘든 사고 과정을 요구한다. 보통 낙관적인 사람들은 승리를 과신하는 경향이 있어서, 위험을 더 많이 떠안을 수밖에 없다.

하지만 실패한 사례는 통계에서 찾아보기 어려워서 힘들여 찾아내려 하지 않는 한 투자할 때 참고하는 것이 불가능하다. 세상의 기록에는 성공한 사람들만 남아 있고, 실패한 사람들은 통계에서도 사라지는 현실이니까 그런 것이다.

이런 극단적인 두 가지 관점을 모두 '헷지'하는 것이 멀티 옵션 바벨 전략이다. 메타버스 세상에서 최종적으로 살아남을 그룹에 크게 투자하고, 명멸을 거듭할 수 있는 기업 한두 개에 대한 투자 비중을 작게 유지하는 것이다.

다시 말해, 상승 가능성은 크고 기댓값은 적은 곳에 대부분을 투자하고, 상승 가능성은 작고 기댓값은 큰 곳에는 '잃어도 될' 정도만 투자하는 것이다. 이런 식으로 옵션을 만들어가면서 '린디 효과'(기술의 잠재수명이 높은 경향)를 보이는 투자처에 대한 투자를 늘려가면 된다.

2008년 세계 경제를 뒤흔든 미국발 금융위기를 예측했던《블랙스완》의 저자 나심 탈레브는《안티프래질》에서 "옵션은 비대칭성과 합리성의 합"이라고 정의한다. 비대칭성은 손실은 작지만 커다란 이익을 주는 시행착오를 말한다. 이익은 작지만 커다란 손실을 주는 시행착오 또한 있을 수 있다. 합리성은 이익을 얻기 위해 좋은 것을 유지하고, 나쁜 것은 버린다는 의미다. 시행착오를 거치는 동안 이전보다 더 나은 것을 거부하지 않는 것이다.

투자자들은 주로 은행을 상대로 '옵션'을 행사한다. 보통 은행은 부(-)의 옵션 방향으로 비대칭성이 커지고, 대출을 받은 투자자는 정(+)의 옵션 방향으로 비대칭성이 커지게 된다.

은행은 대출을 통한 현금흐름(이자)으로 적정 이윤은 확보하지만(정의 옵션), 한계는 명확하다. 가령 2019년과 같은 한국 부동산 상승기 때의 부동산 시세 상승 차익은 얻을 수 없다. 일종의 기회비용인 셈이다.

이런 옵션 개념을 이해하고 투자할 때 추천하는 전략이 바벨 전략이다. 여기서 바벨은 역도의 바벨을 의미하는데, 불확실성에 대한 거의 모든 해법은 바벨 전략의 형태를 띠고 있다.

바벨 전략의 핵심은 보수적인 투자에는 부정적 블랙스완의 힘이 전혀 미치지 않으며, 15퍼센트 정도의 투기적·공격적인 투자에서만 손실이 발생할 수 있다는 것이다.

나심 탈레브가 말한 '소크라테스가 죽임을 당한 또 다른 이유'는 많은 생각을 하게 한다. 서양 고대 철학을 상징하는 소크라테스는 관습을 파괴하고 시민들에게 법과 질서를 반대하도록 유혹하면서 자신이 국가의 참주가 되려고 했던 사람이다. 말만 앞세운 이 사상가는 화려한 옵션을 구사하다가 죽임을 당한 것이다. 반면에 서양 현대 철학을 상징하는 언어철학자 비트겐슈타인은 언어로 표현할 수 없는 대상에 대해 뛰어난 통찰력을 지녔다. 철학을 위해 자신의 인생, 우정, 재산 명예 등 모든 것을 희생한 그는 자신을 위해 옵션을 구사할 줄 모르는 사람이었다.

여기서 투자 옵션 구축의 필요성이 대두된다. 나는 그저 자전거를 잘 타고 싶을 뿐 자전거 타기에 공기역학을 어떻게 적용해야 하는지는 알고 싶지도 않고, 알 필요도 없다는 생각이다. 다만 사고가 나지 않도록 항상 경계하고, 보호구를 착용하고, 넘어졌을 때를 대비해 적절한 상비약을 챙기는 것이다. 이처럼 옵션 구축은 최악의 상황에도 버틸 수 있는 보호구를 착용하는 것과 같다.

사람들은 대개 어떤 행동, 특히 투자에서는 경험 값에 따른 현 상황의 분석이나 코앞의 단기 예측 정도로 그칠 뿐, 여러 경제적 요인을 완벽하게 분석하여 투자하지는 않는다.

단지 현재의 경제 상황이나 투자환경을 파악한 후에 최악의 경우는 무엇인지, 그리고 단기에 일어날 확률이 높은 이슈는 무엇인지 살펴보고 그중 최악의 경우에만 대비하는 옵션을 구축하면 일희일비할 이유가 없는 것이다.

여기서 중요한 것은 실생활에서든 투자에서든 지식보다 노출과 경험이 더 중요하고, 의사결정의 실행이 논리를 대체한다는 것이다. 다시 말해 교과서가 주는 지식, 특히 평균의 개념은 기댓값의 숨은 비대칭성을 보지 못하게 한다는 점이다.

더 중요한 것은 사건 그 자체 혹은 참과 거짓이 아니라 대가, 즉 사건으로부터 얻는 혜택이나 손실이 얼마나 큰가 하는 것이다.

4

변화의 시대에
함께하는 방식

메타버스 플랫폼의 체험만으로 방대한 메타버스 생태계를 이해하겠다는 것은 과욕이다. 메타버스 플랫폼에서 직접 개인의 관점을 생성한 후 지속적인 모니터링과 활용을 통해 경험 값을 올려야 한다. 지속성이 담보되려면 무엇보다 재미가 있어야 하고, 작더라도 보상이 있는 영역에서 시작하는 것이 좋다.

재미와 보상이 있는 영역에서 경험한 것들은 주관의 기반이 되고, 끊임없는 사색을 통해 메타버스에 대한 관점의 폭을 넓힐 수 있다. 이에 더해 자신의 돈이 직접 투여되는 메타버스 ETF 투자까지 경험한다면 메타버스 생태계를 한 차원 더 깊이 이해하게 될 것이다.

메타버스 생태계는 지속해서 진화할 것이다. 하지만 최종적인 진화나 어느 임계점 이상의 발전을 이룬 메타버스 기술이 무엇인지 알아채려면 메타버스를 미리 삶에 조금씩 녹이며 각자에게 익숙한 영역으로 만드는 것이 중요하다.

젊은 세대일수록 회사의 노예가 되기보다는 르네상스 형 크리에이터가 되고자 한다. 따라서 자연히 일의 형태가 달라지고, 회사형 인간은 점점 자취를 감추게 될 것이다.

자신이 책임을 갖고 직접 현실에 참여하면서, 다시 말해 자신이 호기심을 느끼는 영역에 직접 몸을 담으면서 지식과 경험을 업그레이드하고 이를 콘텐츠로 만드는 추세가 강해졌다.

회사형 인간은 회사 인간으로서 행동하지 않으면 커다란 상실감을 느낀다. 회사 인간으로서 행동할 수 있는 것 자체가 회사형 인간에게는 핵심 이익이다.

이제 특정 회사에 특화된 맞춤형 인간은 사라졌다. 사람들은 이제 어느 회사에서라도 일할 수 있는 '고용될 수 있는 인간'이 되기 위해 노력하고 있다. 개개인 특히 회사형 인간으로서는 상황이 더 나빠진 셈이다. 사람들은 전문 기술을 필요로 하는 산업계의 어느 회사에서라도 일할 수 있도록 준비하고 있다. 이제는 지금 일하고 있는 회사에서의 평판뿐 아니라 업계에서의 평판까지 신경써야 한다.

하지만 고용에 대한 회사의 리스크 측면에 관해서는 중요하다고 판단하지 않는다. 상시 고용된 직원의 존재는 리스크 관리 전략의 핵심 요소다. 경제학자들이 역사에 관심을 가진다면, 고대 로마 시대에도 관리해야 할 동산과 부동산이 많은 가문은 가문 외부의 자유인이 아니라 가문 내의 노예에게 재산 관리를 맡겼다는 사실을 알게 될 것이다.

왜 그랬을까? 리스크 관리 차원이다, 재산 관리 과정에서 부정이 발생하면 자유인보다는 노예를 훨씬 가혹하게 다룰 수 있었으므로 노예가 부정을 저지르기는 어려웠다.

로마 시대에는 노예에게 벌을 내릴 때 법체계를 따를 필요가 없었다. 가문의 재산 관리하던 자가 가문의 재산을 소아시아 비티니아로 빼돌리면 가문이 파산에 이를 수도 있다. 하지만 노예의 경우, 자신에게 닥칠 최악의 벌을 생각하기 때문에 이 같은 부정을 저지를 가능성이 현저하게 줄어든다.

직원은 태생적으로 회사 바깥보다는 회사 안에서 더 값진 존재다. 시장보다는 회사에 더 값진 존재라는 것이다. 그러나 세상은 회사에서조차 시장에서 값진 존재를 더 원하고 있다.

지난 2년간 자산 가치가 급격히 상승한 데 반해 노동 가치는 낮아지고 회사형 인간에 대한 회의적인 시각이 커졌다. 가령, 미국 유명 커뮤니티 사이트 레딧에서 '안티워크'(반노동) 회원이 급증하고 있다. 이들은 스스로 게으름뱅이라고 부르며 노동 역시 최소한의 생활비를 벌기 위한 수준으로 축소하고, 자신의 일상에 초점을 맞추려는 경향을 보였다.

특히 코로나 사태는 MZ세대에게 일과 삶의 경계를 모호하게 만들었고, 정해진 시간에 출퇴근하고 대면 근무를 하는 전통적인 근로 형태에 의구심을 갖게 했다. 굳이 회사에 출근하지 않아도 업무 시스템이 돌아간다는 것을 알아챈 것이다.

이런 각성은 원할 때만 일하는 플랫폼 노동자라는 자발적 비정규직을 증가시켰고, 끝내 회사형 인간으로의 삶을 회의적인 시각으로 보도록 만들었다.

미국 온라인 투자 플랫폼 '로빈후드'는 3,400여 명의 직원 대부분에게 영구적인 원격근무를 허용하겠다고 발표했다. 로빈후드는 '원격근무 퍼스트' 회사로 전환하는 것이 우수 인력 채용에서도 유리하다고 판단했다.

중국 MZ세대 역시 단순하고 덜 물질적인 삶을 추구하기 위해 직장 경력 등을 포기하는 '눕기(Lay Flat)' 운동이 유행처럼 번지고 있다. 일본 역시 마찬가지다. MZ세대를 중심으로 조기 은퇴를 하지만, 파트타임 등으로 일정 수입을 얻는 '세미 리타이어' 열풍이 불고 있다.

이런 연유로 기업들은 급여를 올려도 사람을 충분히 구하지 못하고 있다. 이러한 현상은 세계 경제에 장기적 위험이 될 것이고, 이를 타개하기 위한 새로운 경제 형태가 속출할 것이다.

메타버스는 이처럼 우리 일상에 점점 더 넓고 깊이 스며들고 있다. 완벽하지는 않지만 몇 가지 점들을 이으면 선이 만들어지고, 이 선이 가리키는 방향이 이후 세계의 방향성을 나타낼 것이다.

물론 메타버스 역시 한때의 유행처럼 소리 소문 없이 사라질 수도 있다. 하지만 또 다른 용어로 바뀌어 어떤 식으로든 글로벌 환경은 점점 '디지털 퍼스트'로 변화될 수밖에 없다.

메타버스는 승자독식의 극단의 왕국이 되지는 않을 것이다. 하지만 창조형 인간들이 만드는 콘텐츠의 자가증식성과 무작위성이 적나라하게 드러나게 될 세상이 올 것은 확실하다.

5

한눈에 보는
헬스케어 바이오 메타버스

유전체 시장과 블록체인 기술을 적용해 데이터 소유자와 데이터 사용자가 서비스를 제공하여 선순환적인 비즈니스 기회를 바이오 메타버스와 함께 힐리움(www.healium.co.kr)은 비즈니스 모델을 제공하고 있다. 따라서 헬스케어에 관심이 있는 이들이라면 정보를 공유하여 커뮤니티 내에서 가치 평가를 보상받을 수 있는 수익성 사업으로 참여할 수 있다. 그렇다면 1~5항을 참고하시기 바란다.

[1] 건강관리의 새로운 패러다임, 힐링의 신세계

[2] 유전체 데이터 플랫폼 구축 단계와 사례

[3] 유전자 검사로 알 수 있는 내 몸의 건강지수

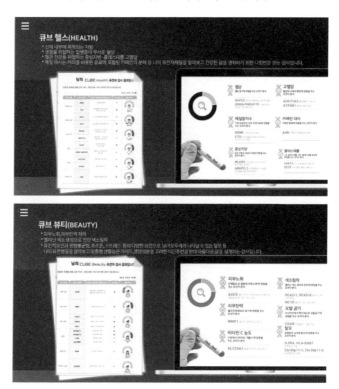

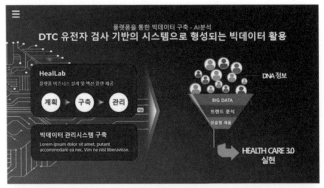

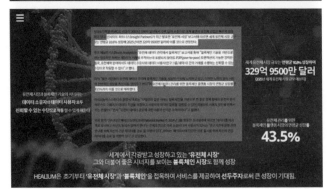

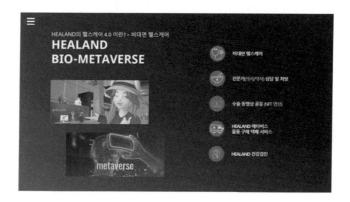

[5] 유전자 데이터로 여는 꿈의 미래 의료

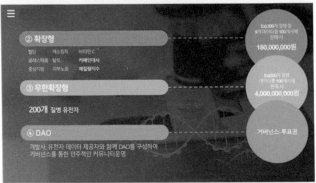

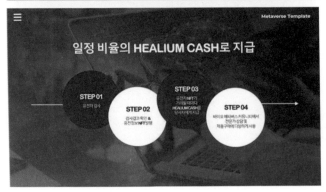

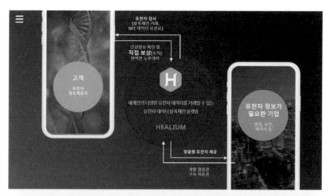

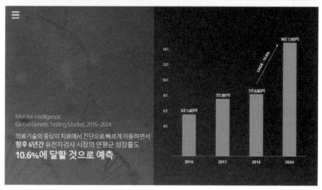

6

모두가
할 수 있다

투자든 기업 경영이든, 눈에 보이는 추상적 성공 사례에만 집착한다면 결국 파국을 피할 수 없다. 메타버스 투자에서도 새롭게 등장한 서비스를 경험하면서 자기만의 관점을 구축하는 것이 중요하다.

그 옛날 회사가 없고 개인이 자본도 가지기 힘들 때 사람들은 여러 가지 창의적인 활동을 통해 이득을 얻고 경제적인 지속성을 이뤄냈다. 물론 그 기반에는 힘든 일을 전담하는 노예제도가 있었지만, 현재 그런 일은 대부분 기계가 대신하고 있다.

르네상스형 인간은 르네상스 형 경제활동을 할 때만 빛을 발할 수 있다. 하지만 르네상스가 모두에게 찾아오는 것은 아니다. 이런 변혁에 적응하지 못한 사람들은 어떤 기록에도 남지 못하고 흔적도 없이 사라졌다.

코로나 팬데믹이라는 역사적인 변곡점의 시대에 적극적으로 인생을 개척하고 재구조화한 사람들만이 제2의 르네상스를 맞이할 것이다. 이를 위해 필요한 것은 세상을 바라보는 지극히 주관적인 나만의 시각과 극히 평범한 모든 것을 재구조하여 보려는 시도다.

퍼스널 브랜딩을 목표로 자신의 관점을 녹인 콘텐츠를 노출할 기회가 무궁무진해졌다. 피곤하고 힘들지만 자유로운 늑대로 살아갈지, 안전하고 배부르지만 매여 있는 개로 살아갈지, 온전히 스스로 선택해야 하는 시대가 왔다.

역설이지만, 기술 발전의 집약체인 메타버스 세상에서는 기술에 집착하는 태도를 버려야 한다. 오히려 기술의 가능 여부와 상관없이 스토리텔링이 가능한 모든 상상이 구현될 것이다. 메타버스는 그동안 헛소리로만 여겨졌던 것들이 또 다른 흥밋거리가 되어 보상이 주어지는 데까지 이르게 된 세상이다.

과학자들이 얘기하는 우주에 대해 알아가고 상상하는 것과 개발자들이 얘기하는 메타버스에 대해 알아가고 상상하고 경험하는 것이 개인에게 무슨 차이가 있을까. 어차피 방대한 두 세계 모두 개인이 모든 것을 직접 체험하고 전체적으로 알 수는 없다. 다만 어딘가에서 얻은 정보를 토대로 주관적으로 상상해볼 뿐이다.

잠깐 스타트업에 관해 얘기하자면, 최근에는 셀럽의 인용문을 수집하는 기업과 AI 기술로 가상 아바타 캐릭터를 제작 운영하는 기업의 협업 기회가 생겼다. 이를 통해 셀럽의 가상 아바타에 말투를 투사하여 재미있는 대화가 가능하도록 제작하는 중이다.

아직은 초기 프로토타입에 지나지 않지만, 이런 다른 생각과 관점을 연결하고 실제로 시도해 보는 단계를 거치면 이런 일이 생각지도 못한 영역으로 확장되고 생명력을 지니며 어떤 식으로든 결과를 낸다. 스토리텔링이 된 셀럽 아바타는 팬덤을 등에 업고 뜻밖의 사업 성과를 보여줄 수도 있다. 인공지능이 각 셀럽의 이슈로 문장을 생성하여 흥미로운 콘텐츠를 생산할 수도 있다.

직장인 대부분이 물질적으로 남는 게 별로 없다는 걸 알면서도 조직을 떠나지 못하고 집착하는 건 정신적 안정감과 존재감이 주는 만족에서 벗어나지 못하고, 조금이라도 더 연장하기 위해 노력할 수밖에 없기 때문이다. 사회적 동물인 인간은 조직 생활에서의 성취감과 만족도가 클수록 물질적인 대가가 작아도 조직 생활 자체가 인생에서 가치가 있다고 느끼고 거기에 매몰된다.

그러나 조직 생활이 주는 안정감과 존재감을 주는 다른 형태의 조직, 멤버십으로 대체되는 그 무엇이 구체성을 띠고 퍼진다면, 회사에 매이는 삶의 형태는 다양하게 분화되고 바뀔 것이다. 회사형 인간의 종말과 함께 부가가치 창출의 주요 원천이 될 디지털 메타버스 세계에 익숙해지지 않으면 개인은 점점 회사에 매이게 되고, 새로운 기회는 만나지 못할 것이다.

헬스케어 산업,
선택이 아닌 필수

세계적으로 고령화와 만성질환 환자, 1인 가구가 급증함에 따라 의료서비스의 패러다임이 변화하고 있다. 과거의 치료 및 진단 중심에서 정밀의료, 예측의료, 예방의료 중심으로 변화하고 있으며, 이에 따라 헬스케어 산업은 ICT와 융합되면서 미래 혁신을 주도하는 산업이 될 것이다. ICT 기업, 헬스케어 기업, 병원 등은 서로 협력하여 새로운 서비스, 새로운 시스템, 새로운 생태계를 만들어내면서 헬스케어 산업의 새로운 영역을 확장해가고 있다. 주요 선진국들은 헬스케어 산업을 향후 국가 경제의 신성장 동력으로 평가하고 있으며, 막대한 인력과 자본을 투자하고 있다.

최근 건강하게 오래 살아가는 것이 그 어떤 것보다 중요한 가치로 부상하고 있는 가운데 신체적·정신적 건강에 관한 관심이 높아지고 동시에 아름다움에 대한 인간의 욕구가 커지면서 세계적인 경기 불황에도 불구하고 뷰티에 대한 소비는 오히려 증대되고 있다. 기대수명이 늘어나면서 건강하고 아름답게 살 수 있는 건강수명 연장에 대한 욕구는 새로운 산업 성장 동력으로 대두되고 있다. 뷰티 산업은 높은 수요와 기술 혁신에 힘입어 최근 들어 변화의 속도가 빨라지고 있으며, 피부의 상태를 정확히 진단하고 스킨케어 상품을 제안해주는 서비스에 인공지능, IoT 등의 ICT가 적용되는 추세다.

헬스케어는 의료를 기반으로 여러 기술이 결합한 융합 대표 신산업으로 꼽힌다. 또 고령화 사회 진입에다 더 건강하고 안전한 삶에 대한 욕구가 커지면서 꾸준한 고성장이 예상되는 분야이기도 하다.

헬스 리터러시(health literacy)는 건강정보에 접근하고 이를 이해하거나 활용하는 역량이다. e-헬스 리터러시는 인터넷에서 건강정보를 탐색하고 활용하는 능력이다. 모바일 헬스, 인공지능, 웨어러블 기기 등을 포함하면 디지털 헬스 리터러시다. 한국보건사회연구원이 2020년 진행한 헬스리터러시 조사에서 참여자 43.3퍼센트는 헬스리터러시가 부족한 수준으로 나타났고, 적정 수준을 보인 사람은 29.1퍼센트를 보였다.

B2B 전자상거래 플랫폼 알리바바닷컴이 발표한 '2022 한국 디지털 B2B 전망보고서'에 따르면, 한국중소기업의 수출 잠재력이 높은 분야는 퍼스널 케어, 식음료, 헬스케어였다.

글로벌 컨설팅 기업 맥킨지는 환자 중심, 가상, 외래, 가정, 가치 기반과 위험 부담, 데이터와 기술 기반, 투명성과 상호 운용성, 새로운 의료기술, 민간 투자자로부터의 자금 조달, 통합적이면서도 단편적인 10가지 키워드를 헬스케어의 미래 모습으로 꼽았다.

국내 헬스케어 시장은 2020년 237조 원에서 연평균 6.7퍼센트 안팎씩 성장할 것으로 전망된다. 보건산업진흥원은 세계 디지털 헬스케어 시장은 2020년 1,525억 달러 규모에서 2027년 5,088억 달러 규모로 연평균 18.8퍼센트의 높은 성장률을 보일 것으로 전망했다.

LG전자는 헬스케어 솔루션 분야를 미래 사업으로 낙점하고 추진에 속도를 낸다. 2022년 초 미국 LA에 의료 관련 디스플레이와 기술 솔루션을 선보일 비즈니스 혁신센터를 열고 본격적으로 헬스케어 솔루션 B2B 고객 유치에 나섰다.

롯데는 중장기적으로 바이오와 헬스케어 사업을 롯데지주가 직접 투자하고 육성할 계획이며, 바이오와 헬스케어 사업을 미래 성장 동력으로 삼아 롯데지주를 해당 분야 선두 기업으로 발전시킬 것이라고 밝혔다.

현대중공업지주는 사명을 'HD현대'로 바꾸면서 4대 미래 산업 분야 중 하나로 헬스케어를 꼽았다. 회사는 모바일 헬스케어 기업 메디플러스솔루션을 인수하는 한편 미래에셋그룹과 디지털 헬스케어와 바이오 분야 유망 벤처기업 발굴을 위해 340억 원 규모의 펀드를 조성했다. 삼성전자와 웨어러블 기반의 환자 건강관리와 재활 사업을 협력하기로 했다.

CJ제일제당은 마이크로바이옴(인체 내 미생물) 전문기업 천랩을 인수한 후 CJ바이오사이언스와 CJ웰케어를 설립했다. 그룹 미래 성장 엔진으로 웰니스 사업을 키울 계획이다. 특히 CJ바이오사이언스는 바이오-디지털 플랫폼을 구축한다. 인공지능 등을 활용해 신약을 개발하겠다는 것이다.

GS그룹은 휴젤 인수를 통해 헬스메틱을, 롯데그룹은 전통적 강점이 있는 식품&유통과 화학을 통해 헬스케어 분야 진출을 공식화했다. 삼성생명은 '더 헬스(THE Health)' 앱을 출시하면서 헬스케어 시장에 본격 진출한다. 삼성생명은 820만 고객을 보유한 데다 삼성그룹 계열사로 웨어러블 기기 접근성과 활용성 등에서 경쟁력을 지닌 만큼 헬스케어 시장에서도 유리한 고지를 점할 것으로 보인다.

신한라이프는 2022년 2월 헬스케어 자회사 신한큐브온을 출범시켰다. 신한큐브온은 하우핏을 중심으로 헬스케어 관련 파트너사들과 협업을 통해 건강증진 관련 콘텐츠를 확대하고 다양한 부가 서비스를 제공하는 등 헬스케어 분야 대표 브랜드로 육성해나갈 계획이다.

KB손해보험은 KB헬스케어 설립을 승인받고 2022년 본격적으로 서비스를 제공할 예정이다. 한국웰케어산업협회와 손잡고 데이터 자문 및 판매 계약을 체결했다. KB손보의 보험 데이터와 의료 데이터를 결합해 MZ세대를 위한 대사증후군 관련 미니보험 상품을 기획할 예정이다.

원스글로벌은 글로벌 파트너사와의 데이터 협약체결을 통해 의약품 정보 데이터 입수 후 데이터 가공단계를 거쳐 신뢰할 수 있는 의약품 정보를 제공한다.

리퓨어생명과학은 희귀질환치료제 및 동물의약품 유통 기업인 비엘엔에이치를 인수하고 '리퓨어헬스케어'로 사명을 바꿔 출범했다. 리퓨어헬스케어는 이번 인수를 통해 R&D와 임상, 수입, 생산, 유통, 수출까지 가치사슬 전 과정을 아우르는 수익창출 사업 모델을 보유한 중견 제약기업으로 거듭난다는 목표다.

위뉴는 헬스케어 콘텐츠 플랫폼 기업으로, 의학적 근거가 확실한 헬스케어 콘텐츠를 생산하고 유통한다. 위뉴는 올바른 암 건강 정보 확산을 위한 대국민 사업과 각종 건강정보 콘텐츠 제작과 공익적 활용을 위한 사업을 주력으로 펼치며 암 환자 분야에 올바른 정보 제공을 위한 첫 사업을 시작했다.

네이버와 카카오는 최근 들어 헬스케어 사업을 강화하고 있다. 손쉬운 의료서비스라는 비전은 같다. 네이버는 사내병원을, 카카오는 외부병원과 연결성을 강조하는 중이다.

세계 중진국 헬스케어 시장은 2027년까지 고속성장이 전망된다.

파이디지털헬스케어는 의료기관의 IT시스템 개발부터 운영, 유지보수 등의 병원 업무 전산화, 정보시스템 운영 서비스 등을 제공하는 의료 IT 전문기업으로, 병원에 최적화된 비즈니스 프로세스를 제공함과 동시에 병원 운영 효율성을 높이고 의료서비스와 높은 수준의 의료 환경을 제공하고자 하는 4차 산업혁명 시대를 여는 디지털 헬스케어 전문기업이다.

코로나가 장기화하면서 헬스케어 서비스의 주요 거처가 병원이나 요양시설에서 가정집으로 확대되고 있다. 안전하고 편안한 자택에서 양질의 케어를 받고 싶은 니즈가 반영되고 있다. 신성장 동력으로 홈 헬스케어를 잡고 비즈니스 기회 확대에 열중하는 기업도 증가하고 있다.

비즈니스 기회는 앞서가는 이가 주도할 수 있으며 성공은 용기 있는 자만이 쥘 수 있습니다.

개인별 맞춤형 의료시대
DNA 헬스케어 4.0

1판 1쇄 인쇄	2022년 06월 27일
2쇄 발행	2022년 07월 11일

지은이	김희태·허성민
발행인	이용길
발행처	**모아북스** MOABOOKS

관리	양성인
디자인	장원석

출판등록번호	제10-1857호
등록일자	1999.11.15
등록된 곳	경기도 고양시 일산동구 호수로(백석동)358-25 동문타워 2차 519호
대표전화	0505-627-9784
팩스	031-902-5236
홈페이지	http://www.moabooks.com
이메일	moabooks@hanmail.net
ISBN	979-11-5849-181-9 03570